Elementare Kombinatorik für die Informatik

Kurt-Ulrich Witt

Elementare Kombinatorik für die Informatik

Abzählungen, Differenzengleichungen, diskretes Differenzieren und Integrieren

 Springer Vieweg

Kurt-Ulrich Witt
Hochschule Bonn-Rhein-Sieg
Sankt Augustin, Deutschland
kurt-ulrich.witt@h-brs.de

ISBN 978-3-658-00993-9   ISBN 978-3-658-00994-6 (eBook)
DOI 10.1007/978-3-658-00994-6

Die Deutsche Nationalbibliothek verzeichnet diese Publikation in der Deutschen Nationalbibliografie; detaillierte bibliografische Daten sind im Internet über http://dnb.d-nb.de abrufbar.

Springer Vieweg
© Springer Fachmedien Wiesbaden 2013

Planung und Lektorat: Ulrike Schmickler-Hirzebruch | Barbara Gerlach

Gedruckt auf säurefreiem und chlorfrei gebleichtem Papier.

Springer Vieweg ist eine Marke von Springer DE. Springer DE ist Teil der Fachverlagsgruppe Springer Science+Business Media
www.springer-vieweg.de

Vorwort

Kombinatorische Fragestellungen wie z.B. die Frage nach der Anzahl der Möglichkeiten, sechs Zahlen aus 49 zu ziehen, oder die Frage danach, wie viele Möglichkeiten es gibt, mit vier Würfeln eine bestimmte Augenzahl zu werfen, tauchen nicht nur im alltäglichen Leben auf. Auch in vielen Bereichen der Informatik entstehen Auswahl- und Zuordnungsprobleme: Wie viele Möglichkeiten gibt es, eine Menge von Aufträgen in Teilmengen bestimmter Größe aufzuteilen und Maschinen entsprechender Kapazität zuzuordnen? Wie viele Passwörter einer bestimmten Länge können über einem gegebenen Alphabet gebildet werden, wobei nicht alle Zeichenkombinationen erlaubt sind? Wie viele Schritte benötigt ein Sortierverfahren, um eine Menge von Datensätzen aufsteigend zu sortieren? Auf wie viele Arten kann eine Menge von Daten in eine Zugriffsstruktur eingeordnet werden? Oft lassen sich diese Anzahlen relativ leicht mithilfe von Rekursionsgleichungen oder Summen beschreiben. An diesen impliziten Darstellungen kann aber zumeist nicht unmittelbar die tatsächliche Anzahl abgelesen werden. So stellt sich die Frage danach, ob es Verfahren gibt, mit denen Rekursionsgleichungen und Summen in Formeln transformiert werden können, welche die direkte Berechnung der Anzahlen erlauben. In diesem Buch werden grundlegende Konzepte, Methoden und Verfahren für die Lösung solcher Probleme vorgestellt.

Das Buch richtet sich an Bachelor-Studierende in Informatik-Studiengängen jeglicher Ausrichtung sowie an Bachelor-Studierende der Mathematik im Haupt- oder Nebenfach. Es ist als Begleitlektüre zu entsprechenden Lehrveranstaltungen an Hochschulen aller Art und insbesondere zum Selbststudium geeignet. Jedes Kapitel beginnt mit einer seinen Inhalt motivierenden Einleitung und der Auflistung von Lernzielen, die durch das Studium des Kapitels erreicht werden sollen. Zusammenfassungen am Ende von Abschnitten oder am Ende von Kapiteln bieten Gelegenheit, den Stoff zu reflektieren. Die meisten Beweise sind vergleichsweise ausführlich und mit Querverweisen versehen, die die Zusammenhänge aufzeigen.

Eingestreut sind über fünfzig Aufgaben, deren Bearbeitung zur Festigung des Wissens und zum Üben der dargestellten Methoden und Verfahren dienen. Zu fast allen Aufgaben sind am Ende des Buches oder im Text Musterlösungen aufgeführt. Die Aufgaben und Lösungen sind als integraler Bestandteil des Buches konzipiert. Wichtige Begriffe sind als Marginalien aufgeführt; der Platz zwischen den Marginalien bietet Raum für eigene Notizen.

Ich bedanke mich herzlich bei: den Autoren der im Literaturverzeichnis aufgeführten Werke, die ich für den einen oder anderen Aspekt verwendet habe, ich empfehle sie allesamt für weitere ergänzende Studien; bei den Studierenden, die meine Lehrveranstaltungen zu Themen dieses Buches besucht und die durch kritische Anmerkungen und hilfreiche Vorschläge wesentlich zur

Verbesserung der Darstellungen beigetragen haben; bei Frau Schmickler-Hirzebruch vom Springer-Verlag dafür, dass sie mich zum Schreiben dieses Buches ermuntert und geduldig begleitet hat; und bei meiner Familie für die Gewährung des zeitlichen Freiraumes, in Ruhe an dem Buch arbeiten zu können.

Bedburg, im Januar 2013

K.-U. Witt

Inhaltsverzeichnis

Einleitung   1

1 Permutationen und Kombinationen   3
1.1 Permutationen 3
     1.1.1 Permutationen ohne Wiederholung 4
     1.1.2 Stirlingzahlen erster Art 7
     1.1.3 Typ einer Permutation 11
     1.1.4 Permutationen mit Wiederholung 13
     1.1.5 Zusammenfassung 14
1.2 Kombinationen 15
     1.2.1 Kombinationen ohne Wiederholung 15
     1.2.2 Kombinationen mit Wiederholung 16
     1.2.3 Zusammenfassung 18
1.3 Multinomialkoeffizienten 18
     1.3.1 Binomialkoeffizienten 19
     1.3.2 Multinomialkoeffizienten 27
     1.3.3 Zusammenfassung 32

2 Partitionen   33
2.1 Zahlpartitionen 33
     2.1.1 Geordnete Zahlpartitionen 34
     2.1.2 Ungeordnete Zahlpartitionen 35
     2.1.3 Zusammenfassung 37
2.2 Mengenpartitionen 38
     2.2.1 Stirlingzahlen zweiter Art 38
     2.2.2 Anzahl von Abbildungen 40
     2.2.3 Zusammenfassung 46
2.3 Catalanzahlen 46

3 Abzählmethoden und das Urnenmodell   49
3.1 Elementare Abzählmethoden 49
     3.1.1 Summenregel 49
     3.1.2 Gleichheitsregel 50
     3.1.3 Produktregel 50
     3.1.4 Doppeltes Abzählen 51
     3.1.5 Das Schubfachprinzip 52
     3.1.6 Das Prinzip der Inklusion und Exklusion 53
     3.1.7 Zusammenfassung 55
3.2 Das Urnenmodell 56

4 Erzeugende Funktionen   59
4.1 Definitionen und grundlegende Eigenschaften 59
4.2 Erzeugende Funktionen für Kombinationen 64

4.3 Erzeugende Funktionen für Permutationen 68
4.4 Weitere Anwendungen und Zusammenfassung 70

5 **Lineare Differenzengleichungen**   **79**
5.1 Definitionen und Beispiele 80
5.2 Allgemeine Eigenschaften von Lösungen 81
5.3 Lösungsverfahren 84
    5.3.1 Lösungsverfahren für homogene Differenzengleichungen 84
    5.3.2 Lösungsverfahren für inhomogene Differenzengleichun-
           gen 95
5.4 Lösung homogener linearer Differenzengleichungen zweiten
     Grades 104
5.5 Lösung mithilfe von erzeugenden Funktionen 110
    5.5.1 Gleichungen zweiten Grades 111
    5.5.2 Gleichungen ersten Grades 118
    5.5.3 Gleichungen höheren Grades 119
5.6 Zusammenfassung 124

6 **Diskretes Differenzieren und Integrieren**   **125**
6.1 Diskrete Mengen und Funktionen 125
6.2 Differenzenoperatoren und diskrete Ableitungen 128
6.3 Polynomdarstellung diskreter Funktionen 137
6.4 Diskrete Stammfunktionen und Summation 140
    6.4.1 Definitionen und elementare Eigenschaften 140
    6.4.2 Berechnung von Summen durch diskrete Integration . 142
    6.4.3 Berechnung von Summen durch partielle diskrete In-
           tegration 147
6.5 Weitere Summationsmethoden 149
6.6 Zusammenfassung 153

A **Anhang**   **155**
A.1 Zahlenmengen 155
A.2 Relationen und Funktionen 155
A.3 Spezielle Funktionen, Summen und Produkte 157

Lösungen zu den Aufgaben   **161**

Literatur   **197**

Stichwortverzeichnis   **199**

Einleitung

Kombinatorische Überlegungen kennen wir aus dem täglichen Leben: Wie viele Möglichkeiten gibt es, sechs Zahlen aus 49 zu ziehen? Wie viele Möglichkeiten gibt es, eine Anzahl von Personen an einer Anzahl von Tischen gewisser Größe zu platzieren? Wie oft klingen Gläser, wenn n Personen anstoßen? Im Kern geht es um die Frage, wie viele Möglichkeiten es gibt, aus einer endlichen Menge Teilmengen einer bestimmten Größe auszuwählen. Dabei ist es von Bedeutung, ob bei der Auswahl der Elemente die Reihenfolge der Auswahl eine Rolle spielt oder ob Elemente mehrfach oder nur einmal ausgewählt werden können. Auch in der Informatik ist es oft erforderlich, kombinatorische Überlegungen anzustellen: Wie viele Verbindungen einer bestimmten Länge gibt es in einem Rechnernetz? Wie viele Operationen führt ein Programm bei der Eingabe einer bestimmten Größe durch? Auf wie viele Arten kann eine Menge von Programmen auf einer Menge von Prozessoren ausgeführt werden?

Oft können solche Probleme mithilfe von Rekursionsgleichungen oder Summen dargestellt werden. Die Werte, die dadurch bestimmt werden, möchte man gerne effizient berechnen oder deren Wachstumsverhalten abschätzen können. Betrachten wir als Beispiele die Folge $\{a_n\}_{n\geq 0}$, rekursiv definiert durch

$$a_n = \begin{cases} 1, & n = 0 \\ 2a_n + 3n, & n \geq 1 \end{cases}$$

sowie die Reihe

$$s_n = \sum_{k=1}^{n} \left(4k^3 + k \right)$$

Selbstverständlich kann man Programme schreiben, die die Folgenglieder a_n bzw. Reihenglieder s_n etwa mithilfe entsprechend programmierter Schleifen berechnen. Solche Berechnungen können (für große n) aufwändig sein, und im Falle, dass die Folgen- und Reihenglieder reelle Zahlen sind, können Rundungsfehler auftreten, die durch Fehlerfortpflanzung zu sehr ungenauen Endergebnissen führen können. Wenn es auf die Genauigkeit ankommt, müssten entsprechende Maßnahmen bei der Programmierung berücksichtigt werden. Wenn man zur Berechnung von a_n und s_n geschlossene Ausdrücke bestimmen könnte, ließen sich möglicherweise sowohl der Aufwand für die Berechnung als auch die Maßnahmen für die Fehlervermeidung oder -eingrenzung verringern.

So gibt es tatsächlich Verfahren, mit denen berechnet werden kann, dass die Formel

$$a_n = 2^{n+2} - 3n - 3$$

gilt, mit der a_n für jedes $n \in \mathbb{N}_0$ direkt berechnet werden kann, d.h. ohne auch die vorherigen Folgenglieder a_i, $1 \leq i \leq n-1$, berechnen zu müssen, wie es bei der Verwendung der Rekursionsgleichung notwendig ist. An dieser geschlossenen Darstellung für a_n kann man außerdem unmittelbar ablesen, dass die Folgenglieder exponentiell wachsen.

Ebenso gibt es Verfahren, mit denen bestimmt werden kann, dass

$$s_n = \frac{n}{2} \left(2n^3 + 4n^2 + 3n + 1 \right)$$

gilt, womit die Reihenglieder unmittelbar berechnet werden können und woran direkt abgelesen werden kann, dass die Reihe wie ein Polynom vierten Grades wächst. An den geschlossenen Darstellungen kann man zudem unmittelbar ablesen, dass die Folge der a_n deutlich schneller wächst als die Folge der Teilsummen s_n, was an den ursprünglichen Definitionen wohl kaum direkt abgelesen werden kann.

In den folgenden Kapiteln werden Konzepte, Methoden und Verfahren vorgestellt, mit denen kombinatorische Problemstellungen dargestellt und gelöst sowie bestimmte Rekursionsgleichungen – so genannte lineare Differenzengleichungen mit konstanten Koeffizienten – gelöst sowie Summen berechnet werden können.

Lernziele   Nach dem Durcharbeiten dieses Buches sollten Sie

- kombinatorische Zähl- und Beweisprinzipien kennen,

- wichtige Zieh-, Zähl-, Auswahl- und Aufteilungsprobleme kennen und wissen, wie man diese löst,

- erzeugende Funktionen als Möglichkeiten zur Beschreibung und Lösung von kombinatorischen Problemen bzw. von Rekursionsgleichungen kennen und anwenden können,

- Lösungsverfahren für lineare Differenzengleichungen begründen und anwenden können,

- diskretes Differenzieren und Integrieren verstehen und zur Berechnung von Summen anwenden können.

1 Permutationen und Kombinationen

In diesem Kapitel beschäftigen wir uns mit der Auswahl von Teilmengen von endlichen Mengen, dabei insbesondere mit der Frage, wie viele Möglichkeiten es prinzipiell gibt, solche Auswahlen zu treffen. Dabei unterscheiden wir bei der Auswahl, ob Elemente nur einmal oder wiederholt ausgewählt werden können und ob die Reihenfolge der Auswahl eine Rolle spielt.

Nach dem Durcharbeiten dieses Kapitels sollten Sie **Lernziele**

- Permutationen mit und ohne Wiederholung kennen und wissen, wie deren Anzahl bestimmt wird,

- Darstellungsmethoden für Permutationen kennen und anwenden können,

- die Stirlingzahlen erster Art und Beispiele für deren Verwendung erklären können,

- Kombinationen mit und ohne Wiederholung kennen und wissen, wie deren Anzahl bestimmt wird,

- die Multinomialkoeffizienten und einige ihrer elementaren Eigenschaften kennen, herleiten und anwenden können.

1.1 Permutationen

Die Anordnung der Elemente bei einer aufzählenden Darstellung einer endlichen Menge ist unerheblich. Es gilt z.B. $\{1,2,3\} = \{3,1,2\}$. Falls die Anordnung eine Rolle spielt, dann wollen wir nicht von Mengen, sondern von Folgen sprechen. Die Folge $\langle 1,2,3 \rangle$ besteht aus den Zahlen 1, 2 und 3 in dieser Reihenfolge und ist verschieden von der Folge $\langle 3,1,2 \rangle$, die aus den Zahlen 3, 1 und 2 in dieser Reihenfolge besteht. In Folgen können Elemente auch mehrfach vorkommen: So ist $\langle 1,2,2,1,3,1 \rangle$ eine Folge, verschieden von der Folge $\langle 1,1,1,2,2,3 \rangle$. Allgemein wollen wir endliche Folgen $\langle x_1, x_2, \ldots, x_k \rangle$, $k \geq 0$, betrachten, wobei die x_i Elemente irgendeiner n-elementigen Menge M sein sollen: $x_i \in M$, $1 \leq i \leq k$, $|M| = n$. Für $k = 0$ ist die Folge leer: $\langle \, \rangle$.

Der Einfachheit halber werden wir eine Menge $M = \{1, \ldots, n\}$ auch einfach als $M = [1, n]$ notieren oder allgemeiner für $a, b \in \mathbb{N}_0$ mit $a \leq b$ anstelle von $M = \{i \in \mathbb{N}_0 \mid a \leq i \leq b\}$ auch $M = [a, b]$ schreiben.

1.1.1   Permutationen ohne Wiederholung

Wir betrachten zunächst die Auswahl von Folgen aus einer endlichen Menge, in der jeweils ein Element höchstens einmal vorkommen darf.

**_k_-Permu-
tation ohne
Wiederholung**

Definition 1.1   Sei $M = [1, n]$ und $k \in \mathbb{N}_0$ mit $0 \leq k \leq n$. Eine k-*Permutation* von M ist eine Folge $\langle x_1, \ldots, x_k \rangle$ mit $x_i \in M$ und $x_i \neq x_j$ für $i \neq j$, mit $1 \leq i, j \leq k$. Wir wollen mit $P(n, k)$ die Anzahl der k-Permutationen bezeichnen, die aus einer n-elementigen Menge gebildet werden können.   □

Eine k-Permutation von M entspricht einer geordneten Ziehung von k Elementen aus M ohne Zurücklegen: Die Reihenfolge der Auswahl ist von Bedeutung, und ein einmal ausgewähltes Element kann nicht noch einmal ausgewählt werden.

Beispiel 1.1   Es sei $M = [1, 3]$. Die einzige 0-Permutation ist die leere Folge. Es gilt also: $P(3, 0) = 1$. Im Übrigen gilt für jedes $n \in \mathbb{N}_0$: $P(n, 0) = 1$. Die 1-Permutationen von M sind: $\langle 1 \rangle$, $\langle 2 \rangle$ und $\langle 3 \rangle$. Es gilt also: $P(3, 1) = 3$. Im Übrigen gilt für jedes $n \in \mathbb{N}_0$: $P(n, 1) = n$. Die 2-Permutationen von M sind: $\langle 1, 2 \rangle$, $\langle 1, 3 \rangle$, $\langle 2, 1 \rangle$, $\langle 2, 3 \rangle$, $\langle 3, 1 \rangle$ und $\langle 3, 2 \rangle$. Es ist also: $P(3, 2) = 6$. Die 3-Permutationen von M sind: $\langle 1, 2, 3 \rangle$, $\langle 1, 3, 2 \rangle$, $\langle 2, 1, 3 \rangle$, $\langle 2, 3, 1 \rangle$, $\langle 3, 1, 2 \rangle$ und $\langle 3, 2, 1 \rangle$. Es ist also: $P(3, 3) = 6$.   □

Satz 1.1   Sei $M = [1, n]$ und $k \in \mathbb{N}_0$ mit $0 \leq k \leq n$, dann gilt[1]

$$P(n, k) = n(n-1)(n-2) \ldots (n - k + 1)$$

$$= \prod_{i=n-k+1}^{n} i = \prod_{i=0}^{k-1} (n - i) \tag{1.1}$$

$$= \frac{n!}{(n-k)!}$$

Beweis   Sei $\langle x_1, x_2, \ldots, x_k \rangle$ eine k-Permutation von M. Da alle x_i, $1 \leq i \leq k$, verschieden sind, gilt: Es gibt n Möglichkeiten, x_1 aus M auszuwählen, danach gibt es $(n-1)$ Möglichkeiten, x_2 aus M auszuwählen, usw. Allgemein gibt es $(n - i + 1)$ Möglichkeiten x_i auszuwählen für $1 \leq i \leq k$.   □

**Fallende
Faktorielle**

Das Produkt

$$n^{\underline{k}} = (n - 0)(n - 1)(n - 2) \ldots (n - (k - 1))$$

$$= n(n-1)(n-1) \ldots (n - k + 1) \tag{1.2}$$

nennt man die *fallende Faktorielle von n* und spricht „n hoch k fallend". Man setzt $n^{\underline{0}} = 1$ für alle $n \in \mathbb{N}_0$. Es gilt

$$n^{\underline{n}} = n!$$

$$= n^{\underline{k}} \cdot (n - k)^{\underline{n-k}} \tag{1.3}$$

---

1   Zur Definition und Eigenschaften des Produktsymbols $\prod$ siehe Anhang.

sowie

$$P(n, k) = n^{\underline{k}} \tag{1.4}$$

Entsprechend nennt man das Produkt

$$
\begin{aligned}
n^{\overline{k}} &= (n + 0)(n + 1)(n + 2) \ldots (n + (k - 1)) \\
&= n(n + 1)(n + 2) \ldots (n + k - 1)
\end{aligned}
\tag{1.5}
$$

die *steigende Faktorielle* von n und spricht „n hoch k steigend". Man setzt $n^{\overline{0}} = 1$ für alle $n \in \mathbb{N}_0$. Es gilt **Steigende Faktorielle**

$$n^{\overline{n}} = n^{\overline{k}} \cdot (n + k)^{\overline{n-k}} \tag{1.6}$$

Fallende und steigende Faktorielle spielen eine wichtige Rolle in der diskreten Mathematik, darauf werden wir an einigen Stellen des Buches noch zurückkommen. In der Literatur findet man für die fallende Faktorielle $n^{\underline{k}}$ auch die Notation $(n)_k$ sowie für die steigende Faktorielle $n^{\overline{k}}$ auch die Notation $(n)^k$.

Ein Spezialfall von Permutationen einer n-elementigen Menge sind die n-Permutationen. Aus obigem Satz und (1.3) folgt:

Folgerung 1.1 Es gilt

$$P(n, n) = n^{\underline{n}} = n!$$

für alle $n \in \mathbb{N}_0$. $\square$

Jede n-Permutation $\langle x_1, \ldots, x_n \rangle$ einer Menge M mit n Elementen kann als eine bijektive Abbildung von M auf sich selbst betrachtet werden. Deshalb gilt

Folgerung 1.2 Sei M eine Menge mit $|M| = n$. Dann ist

$$|\{ \pi \mid \pi : M \to M, \pi \text{ bijektiv} \}| = n!$$

d.h. die Anzahl der möglichen bijektiven Abbildungen einer n-elementigen Menge auf sich ist $n!$. $\square$

 ## Übungsaufgaben

1.1 Beweisen Sie Folgerung 1.2! $\square$

Die Fakultätsfunktion $n!$ ist eine sehr stark wachsende Funktion. Eine Vorstellung ihres Wachstumsverhalten erhält man mithilfe der *Stirling-Formel*

$$n! \approx \sqrt{2\pi n} \left(\frac{n}{e}\right)^n$$

wobei $e = \lim_{k\to\infty} \left(1 + \frac{1}{k}\right)^k = 2.718\ldots$ die *Euler-Zahl* ist.

Stirling-Formel
Euler-Zahl

Eine Variante von Permutationen ohne Wiederholung ist, wenn die Menge $M = [1, n]$ partitioniert wird in k Teilmengen (Äquivalenzklassen, siehe Anhang) M_i, $1 \leq i \leq k$. Es gilt also:

$$M = \bigcup_{i=1}^{k} M_i \ \text{ mit } \ M_i \cap M_j = \emptyset, \, i \neq j, \, 1 \leq i, j \leq k$$

und damit

$$n = \sum_{i=1}^{k} n_i, \ \text{ mit } \ n_i = |M_i|, \, 1 \leq i \leq k$$

Beispiel 1.2   Wie viele verschiedene Buchstabenkombinationen der Länge 11 lassen sich aus den Buchstaben des Wortes *MISSISSIPPI* bilden? Wir fassen alle 11 Buchstaben in einer Multimenge zusammen:

$$M = \{\, I, I, I, I, M, P, P, S, S, S, S \,\}$$

Diese partitionieren wir in vier Teilmengen, die jeweils die wiederholt vorkommenden Buchstaben enthalten.

$$M_1 = \{\, I, I, I, I \,\}, \, M_2 = \{\, S, S, S, S \,\}, \, M_3 = \{\, P, P \,\}, \, M_4 = \{M\} \quad \square$$

Die Anzahl verschiedener Buchstabenkombinationen der Länge n, in der jeder Buchstabe höchstens einmal vorkommen darf, ist $P(n, n) = n!$, in unserem Fall also 11!. Gibt es nun n_i Exemplare für einen Buchstaben a_i, so gibt es $P(n_i, n_i) = n_i!$ mögliche Reihenfolgen (Permutationen ohne Wiederholung) diese auszuwählen. Für eine Buchstabenkombination der Länge n ist es aber unerheblich, in welcher Reihenfolge die n_i Exemplare des Buchstabens a_i gewählt werden, sie ändert sich dadurch nicht. Diese Überlegungungen führen zum

Satz 1.2   Die Anzahl $P(n; n_1, n_2, \ldots, n_k)$ von Permutationen von n Elementen, von denen jeweils $n_1, n_2, \ldots, n_k$, $1 \leq k \leq n$, ununterscheidbar sind, so dass $\sum_{i=1}^{k} n_i = n$ ist, ist

$$P(n; n_1, n_2, \ldots, n_k) = \frac{n!}{\prod_{i=1}^{k}(n_i!)}$$

$\square$

Beispiel 1.3 (Forts. Beispiel 1.2)   Aus den Buchstaben des Wortes *MISSISSIPPI* lassen sich also

$$P(11; 4, 4, 2, 1) = \frac{11!}{4! \cdot 4! \cdot 2! \cdot 1!} = 34\,650$$

verschiedene Buchstabenkombinationen der Länge 11 bilden.   □

Im Abschnitt 1.3.2 werden wir die Zahlen $P(n; n_1, n_2, \ldots, n_k)$ noch aus einem anderen Zusammenhang herleiten.

1.1.2 Stirlingzahlen erster Art

n-Permutation einer Menge $M = [\,1, n\,]$, d.h. Bijektionen π von M auf sich, können wie folgt veranschaulicht werden:

$$\begin{pmatrix} 1 & 2 & 3 & \ldots & n-1 & n \\ \pi(1) & \pi(2) & \pi(3) & \ldots \pi & (n-1) & \pi(n) \end{pmatrix}$$

Ein Element i mit der Eigenschaft $\pi(i) = i$ heißt *Fixpunkt* von π. Wir betrachten als Beispiel die folgende 10-Permutation:

Fixpunkt einer Permutation

$$\begin{pmatrix} 1 & 2 & 3 & 4 & 5 & 6 & 7 & 8 & 9 & 10 \\ 5 & 8 & 3 & 6 & 2 & 7 & 4 & 1 & 10 & 9 \end{pmatrix} \tag{1.7}$$

3 ist ein Fixpunkt dieser Permutation.

Wenn man eine Permutation π mehrmals hintereinander auf ein Element anwendet, entstehen Zykel. Es gilt z.B.

$$\pi(\pi(\pi(\pi(1)))) = \pi(\pi(\pi(5))) = \pi(\pi(2)) = \pi(8) = 1$$

Die Elemente $1, 5, 2, 8$ bilden also einen Zykel. Dies notieren wir mit

$$\begin{pmatrix} 1 & 5 & 2 & 8 \end{pmatrix}$$

Dieser Zykel enthält vier Elemente, man spricht von einem Zykel der Länge vier.

Fixpunkte sind Zykel der Länge eins.

 Übungsaufgaben

1.2 Bestimmen Sie die weiteren Zykel von π sowie deren Längen!   □

Definition 1.2 Sei π eine n-Permutation der Menge $M = [\,1, n\,]$. Gilt für $i_1, i_2, \ldots, i_\ell \in M$: $\pi(i_j) = i_{j+1}$ für $1 \le j \le \ell - 1$ und $\pi(i_\ell) = i_1$, dann heißt $\left(i_1 \quad i_2 \quad \ldots \quad i_\ell \right)$ ein *Zyklus der Länge ℓ* von π. $\qquad\square$

Zyklus einer Permutation

Wir können nun jede n-Permutation als „Produkt" von Zyklen schreiben. So wird z.B. unsere Beispiel-Permutation eindeutig durch

$$\pi = \left(1 \quad 5 \quad 2 \quad 8 \right) \left(3 \right) \left(4 \quad 6 \quad 7 \right) \left(9 \quad 10 \right)$$

beschrieben.

Dabei kommt es nicht auf die Reihenfolge an, in der die Zykel aufgeführt werden, und innerhalb eines Zyklus können die Elemente zyklisch nach rechts oder links verschoben werden. So kann die Beispiel-Permutation auch als

$$\pi = \left(6 \quad 7 \quad 4 \right) \left(2 \quad 8 \quad 1 \quad 5 \right) \left(10 \quad 9 \right) \left(3 \right)$$

geschrieben werden, während die Darstellung

$$\left(2 \quad 5 \quad 1 \quad 8 \right) \left(3 \right) \left(4 \quad 6 \quad 7 \right) \left(9 \quad 10 \right)$$

nicht korrekt ist. Es ist unmittelbar einsichtig, dass jeder Zyklus der Länge ℓ auf ℓ Arten dargestellt werden kann, da es genau ℓ verschiedene Verschiebungen um eine Position gibt.

Wir wollen nun untersuchen, wie viele n-Permutationen es mit k Zyklen gibt. Wir nennen diese Anzahl $s_{n,k}$, eine andere in der Literatur gebräuchliche

Stirlingzahlen erster Art

Notation ist $\begin{bmatrix} n \\ k \end{bmatrix}$. Diese Zahlen heißen *Stirlingzahlen erster Art*.

Übungsaufgaben

1.3 Überlegen Sie, wie groß $s_{n,1}$ sowie $s_{n,n}$ sind! $\qquad\square$

Wir betrachten zunächst noch vier weitere Spezialfälle und geben dann nach einem Beispiel eine allgemeine Formel für die Berechnung von $s_{n,k}$ an. Die vier Fälle sind:

(1) Für $k > n$ gilt $s_{n,k} = 0$, denn eine n-Permutation kann höchstens n Zyklen haben.

(2) Für $n > 0$ gilt $s_{n,0} = 0$, denn da $n \ne 0$ ist, müssen die Elemente in mindestens einem Zyklus liegen.

(3) Für $n = 0$ wird $s_{0,0} = 1$ gesetzt.

(4) Für $k < 0$ wird $s_{n,k} = 0$ für alle $n \ge 0$ gesetzt.

Beispiel 1.4 Geben Sie alle 4-Permutationen mit 3 Zyklen an!

Man kann diese Permutationen bestimmen, indem man sie in zwei Klassen einteilt. In der ersten Klasse betrachten wir alle Permutationen, bei denen das Element 4 alleine einen Zykel bildet:

$$(1)(2\ 3)(4) \qquad (1\ 2)(3)(4) \qquad (1\ 3)(2)(4) \qquad (1.8)$$

In der zweiten Klasse sind die Permutationen, in denen das Element 4 zu jeweils einem der 3 Zyklen der restlichen Elemente hinzugefügt wird:

$$(1\ 4)(2)(3) \qquad (1)(2\ 4)(3) \qquad (1)(2)(3\ 4) \qquad (1.9)$$

Die Anzahl der 4-Permutationen mit 3 Zyklen ist also $s_{4,3} = 6$. □

Die Idee, die Permutationen in diese beiden Klassen einzuteilen, ist die Grundlage für den Beweis des folgenden Satzes.

Satz 1.3 Für $k, n \in \mathbb{N}$ mit $n \geq k \geq 1$ gilt

$$s_{n,k} = s_{n-1,k-1} + (n-1) \cdot s_{n-1,k} \qquad (1.10)$$

bzw. mit der anderen Notation

$$\begin{bmatrix} n \\ k \end{bmatrix} = \begin{bmatrix} n-1 \\ k-1 \end{bmatrix} + (n-1) \cdot \begin{bmatrix} n-1 \\ k \end{bmatrix}$$

Beweis Um die Anzahl der n-Permutationen mit k Zyklen zu bestimmen, teilen wir diese in zwei Klassen ein. In der einen Klasse sind alle $n-1$-Permutationen mit $k-1$ Zyklen, zu denen jeweils der Zyklus (n) hinzugefügt wird. Die Anzahl der so entstehenden n-Permutationen mit k Zyklen ist deshalb gleich $s_{n-1,k-1}$. Zur anderen Klasse gehören alle $n-1$-Permutationen mit k Zyklen, in denen das Element n jeweils zu einem Zyklus hinzugefügt wird. Da bei den Zyklen die Reihenfolge wichtig ist, gibt es für jede der Permutationen $n-1$ Möglichkeiten, das Element n hinzuzufügen. Diese Klasse enthält somit $(n-1) \cdot s_{n-1,k}$ Elemente. Da die beiden Klassen disjunkt sind, folgt die behauptete Formel. □

 Übungsaufgaben

1.4 Vollziehen Sie noch einmal nach, dass die kombinatorischen Überlegungen im Beweis im Beispiel 1.4 konkret angewendet werden: Die Permutationen in der Zeile (1.8) bilden die erste Klasse, und die Permutationen in der Zeile (1.9) bilden die Permutationen der zweiten Klasse. □

**Stirling-
Dreieck
erster Art**

Die Stirlingzahlen erster Art bilden das sogenannte *Stirling-Dreieck erster Art*:

$$
\begin{array}{ccccccccccccc}
 & & & & & & 1 & & & & & & \\
 & & & & & 0 & & 1 & & & & & \\
 & & & & 0 & & 1 & & 1 & & & & \\
 & & & 0 & & 2 & & 3 & & 1 & & & \\
 & & 0 & & 6 & & 11 & & 6 & & 1 & & \\
 & 0 & & 24 & & 50 & & 35 & & 10 & & 1 & \\
0 & & 120 & & 274 & & 225 & & 85 & & 15 & & 1
\end{array}
$$

$$\ldots$$

Dabei denken wir uns die Zeilen des Dreiecks von oben nach unten mit $n = 0, 1, 2, \ldots$ und die Einträge in jeder Zeile mit $k = 0, 1, 2, \ldots, n$ durchnummeriert. Die Formel (1.10) spiegelt dann wider, dass sich der Wert an der k-ten Stelle in der Zeile n ergibt, indem man in der Zeile darüber den Wert links davon mit dem $(n-1)$-fachen des Wertes rechts davon addiert. So ergibt sich z.B. der Wert 35 an der dritten Stelle in der Zeile 5, also $s_{5,3}$, indem man den Wert $s_{4,2} = 11$ links darüber mit dem $5 - 1 = 4$-fachen des Wertes $s_{4,3} = 6$ rechts darüber addiert: $35 = 11 + 4 \cdot 6$.

 ## Übungsaufgaben

1.5 (1) Berechnen Sie $s_{5,4}$ und bestimmen Sie alle 5-Partitionen mit 4 Zyklen, indem Sie wie im Beweis von Satz 1.3 die beiden Klassen angeben!

(2) Zeigen Sie, dass für $n \geq 1$

$$s_{n,n-1} = \frac{n(n-1)}{2}$$

gilt!

(3) Zeigen Sie, dass für $n \geq 1$

$$s_{n,1} = (n-1)!$$

gilt!

(4) Zeigen Sie, dass für $n \geq 0$

$$n! = \sum_{k=0}^{n} s_{n,k}$$

gilt!   □

1.1.3 Typ einer Permutation

Definition 1.3 Sei π eine Permutation von $M = [1, n]$, $b_\ell(\pi)$ die Anzahl der Zyklen von π mit der Länge ℓ, und $b(\pi)$ sei die Anzahl der Zyklen von π. Dann heißt

$$1^{b_1(\pi)}2^{b_2(\pi)} \ldots n^{b_n(\pi)}$$

Typ einer Permutation

der *Typ von* π.[2] $\square$

Beispiel 1.5 Der Typ der Permutation (1.7) ist $1^1 2^1 3^1 4^1 5^0 6^0 7^0 8^0 9^0 10^0$. Alle Permutationen im Beispiel 1.4 haben den Typ $1^2 2^1 3^0 4^0$. $\square$

Aus der Definition folgt unmittelbar

Folgerung 1.3 Es sei π eine Permutation von $M = [1, n]$. Dann gilt

a) $\sum_{\ell=1}^{n} \ell \cdot b_\ell(\pi) = n$,

b) $\sum_{\ell=1}^{n} b_\ell(\pi) = b(\pi)$,

c) $b_n(\pi) \le 1$. $\square$

Satz 1.4 Die Anzahl der Permutationen der Menge $M = [1, n]$ vom Typ $1^{b_1} 2^{b_2} \ldots n^{b_n}$ ist gleich

$$\frac{n!}{b_1! \cdot b_2! \cdot \ldots \cdot b_n! \cdot 1^{b_1} \cdot 2^{b_2} \cdot \ldots \cdot n^{b_n}} \tag{1.11}$$

Beweis Eine Permutation π vom Typ $1^{b_1(\pi)}2^{b_2(\pi)} \ldots n^{b_n(\pi)}$ hat folgende schematische Gestalt, wenn wir die Zyklen der Größe nach von links nach rechts ordnen:

$$\underbrace{(\,x\,)(\,x\,)\ldots(\,x\,)}_{b_1}\underbrace{(\,xx\,)(\,xx\,)\ldots(\,xx\,)}_{b_2}\ldots\underbrace{(\,xx\ldots x\,)}_{b_n}$$

Es gibt insgesamt n „freie" Plätze x, die mit Elementen von M belegt werden können. Dafür gibt es $n!$ viele Möglichkeiten. Wie wir bereits im vorigen Abschnitt überlegt haben, ist die Zyklen-Darstellung einer Permutation einerseits unabhängig von der Reihenfolge der Zyklen und andererseits unabhängig von einer zyklischen Verschiebung innerhalb der Zyklen. Wir wollen zwei Permutationen äquivalent nennen, wenn sie sich nur in der Vertauschung von Zyklen gleicher Länge und durch zyklische Verschiebung ihrer Elemente unterscheiden. Für einen Zyklus der Länge ℓ gibt es $b_\ell!$ mögliche Reihenfolgen, und ein Zyklus der Länge ℓ kann ℓ-mal zyklisch verschoben werden. Für jeden Zyklus der Länge ℓ gibt es also genau $b_\ell! \cdot \ell^{b_\ell}$ verschiedene Anordnungen innerhalb einer Äquivalenzklasse. Die Anzahl der

---

2 Der Ausdruck $1^{b_1(\pi)}2^{b_2(\pi)} \ldots n^{b_n(\pi)}$ ist nicht als Produkt von Potenzen $i^{b_i(\pi)}$, $1 \le i \le n$, zu verstehen, sondern als formale Notation für den Typ der Permutation π.

Elemente einer Äquivalenzklasse einer Permutation vom Typ $1^{b_1}2^{b_2}\dots n^{b_n}$ ist also gleich

$$\frac{n!}{b_1!\cdot b_2!\cdot\ldots\cdot b_n!\cdot 1^{b_1}\cdot 2^{b_2}\cdot\ldots\cdot n^{b_n}}$$

was zu zeigen war.   □

Folgerung 1.4 **a)** Für k-Permutationen der Menge $M=[\,1,n\,]$ gilt:

$$s_{n,k}=\sum_{\substack{(b_1,\ldots,b_n)\in\mathbb{N}_0^n\\ \sum_\ell b_\ell = k\\ \sum_\ell \ell\cdot b_\ell = n}}\frac{n!}{b_1!\cdot b_2!\cdot\ldots\cdot b_n!\cdot 1^{b_1}\cdot 2^{b_2}\cdot\ldots\cdot n^{b_n}}$$

b) Des Weiteren gilt:

$$n!=\sum_{\substack{(b_1,\ldots,b_n)\in\mathbb{N}_0^n\\ \sum_\ell \ell\cdot b_\ell = n}}\frac{n!}{b_1!\cdot b_2!\cdot\ldots\cdot b_n!\cdot 1^{b_1}\cdot 2^{b_2}\cdot\ldots\cdot n^{b_n}}$$

Beweis **a)** Der Beweis erfolgt analog zum Beweis von Satz 1.4, wenn man berücksichtigt, dass jetzt nur die Permutationen mit k Zyklen betrachtet werden.

b) Aus Übung 1.5 (4) wissen wir, dass $n!=\sum_{k=0}^{n}s_{n,k}$ gilt. Hieraus folgt mit a) unmittelbar die Behauptung.   □

Beispiel 1.6 Wir berechnen $s_{6,2}$ mithilfe von Folgerung 1.4: Für 6-Permutationen mit 2 Zyklen gibt es die drei Typen

$$1^1 2^0 3^0 4^0 5^1 6^0$$
$$1^0 2^1 3^0 4^1 5^0 6^0$$
$$1^0 2^0 3^2 4^0 5^0 6^0$$

Damit ergibt sich (dabei führen wir 0! und die Potenzen mit dem Exponenten 0 nicht auf)

$$s_{6,2}=\frac{6!}{1!\cdot 1!\cdot 1^1\cdot 5^1}+\frac{6!}{1!\cdot 1!\cdot 2^1\cdot 4^1}+\frac{6!}{2!\cdot 3^2}=274$$

(vergleiche mit dem Stirling-Dreieck erster Art).   □

 Übungsaufgaben

1.6 Berechnen Sie mithilfe von Folgerung 1.4 $s_{5,3}$!   □

1.1.4 Permutationen mit Wiederholung

Wir wollen nun Permutationen mit Wiederholung betrachten, d.h. Elemente können mehrfach in einer Permutation vorkommen.

Definition 1.4 Sei M eine Menge mit n-Elementen. Jede Folge von k Elementen $\langle x_1, x_2, \ldots, x_k \rangle$ aus M, $x_i \in M$, $1 \leq i \leq k$, $k \geq 0$, heißt eine (geordnete) k-*Permutation mit Wiederholung* über M. Wir wollen mit $P^*(n, k)$ die Anzahl der k-Permutationen mit Wiederholung bezeichnen, die aus einer n-elementigen Menge gebildet werden können. $\square$

k-Permu-tation mit Wiederholung

Eine k-Permutation von M mit Wiederholung entspricht einer geordneten Ziehung von k Elementen aus M mit Zurücklegen: Die Reihenfolge der Auswahl ist von Bedeutung, und ausgewählte Elemente können wiederholt ausgewählt werden.

Man überlegt leicht, dass es für jedes der k Elemente einer k-Permutation über einer n-elementigen Menge jeweils n Möglichkeiten gibt. Somit gilt folgender Satz.

Satz 1.5 Die Anzahl $P^*(n, k)$ der k-Permutationen mit Wiederholung über einer n-elementigen Menge ist

$$P^*(n, k) = n^k$$

$\square$

Beispiel 1.7 Wie viele Buchstabenfolgen der Länge drei können über dem deutschen Alphabet (ohne Unterscheidung von Groß- und Kleinschreibung) gebildet werden? Für jeden der drei Buchstaben haben wir 26 Möglichkeiten. Damit ergibt sich die Anzahl der Wörter der Länge drei über einem 26-buchstabigen Alphabet als $P^*(26, 3) = 26^3 = 17\,576$. $\square$

 Übungsaufgaben

1.7 (1) Wie viele Möglichkeiten gibt es, 32 (verschiedene) Spielkarten zu mischen?

(2) Ein Passwort bestehe aus zwei Buchstaben gefolgt von vier Ziffern, wobei Ziffern, aber nicht Buchstaben mehrfach auftreten dürfen. Wie viele verschiedene Passwörter sind möglich? $\square$

1.1.5 Zusammenfassung

Eine k-Permutation ist die Auswahl einer k-elementigen Folge ohne Wiederholung aus einer n-elementigen Menge, es gibt

$$P(n,k) = n^{\underline{k}} = \frac{n!}{(n-k)!}$$

solcher Permutationen. Die fallende Faktorielle $n^{\underline{k}}$ ist definiert durch

$$n^{\underline{k}} = \prod_{i=0}^{k-1} (n-i)$$

die steigende Faktorielle; $n^{\overline{k}}$ durch

$$n^{\overline{k}} = \prod_{i=0}^{k-1} (n+i)$$

Bei Permutationen mit Wiederholung können Elemente mehr als einmal ausgewählt werden, es gibt

$$P^*(n,k) = n^k$$

Permutationen mit Wiederholung. Die Anzahl von Permutationen von n Elementen, von denen jeweils $n_1, n_2, \ldots, n_k$, $1 \le k \le n$, ununterscheidbar sind, so dass $\sum_{i=1}^{k} n_i = n$ ist, ist

$$P(n; n_1, n_2, \ldots, n_k) = \frac{n!}{\prod_{i=1}^{k}(n_i!)}$$

n-Permutationen können als Mengen von Zyklen notiert werden. Die Anzahlen der n-Permutationen mit k-Zyklen sind durch die Stirlingzahlen erster Art festgelegt:

$$s_{0,0} = 1, \quad s_{n.k} = s_{n-1,k-1} + (n-1) \cdot s_{n-1,k}$$

Diese Rekursion lässt sich als Stirling-Dreieck erster Art veranschaulichen. Ist $b_\ell(\pi)$ die Anzahl der Zyklen einer n-Permutation π mit der Länge ℓ, dann heißt

$$1^{b_1(\pi)} 2^{b_2(\pi)} \ldots n^{b_n(\pi)}$$

der Typ von π. Die Anzahl der n-Permutationen vom Typ $1^{b_1} 2^{b_2} \ldots n^{b_n}$ ist gleich

$$\frac{n!}{b_1! \cdot b_2! \cdot \ldots \cdot b_n! \cdot 1^{b_1} \cdot 2^{b_2} \cdot \ldots \cdot n^{b_n}}$$

1.2   Kombinationen

Bei den bisher betrachteten Permutationen spielte die Reihenfolge der Elemente eine Rolle. Zwei Permutationen mit denselben Elementen, aber in unterschiedlicher Reihenfolge, sind verschieden. Wenn wir von der Ordnung der Elemente absehen, die Reihenfolge also keine Rolle spielt, sprechen wir von ungeordneten Permutationen oder von Kombinationen. Eine Kombination stellen wir deshalb nicht als Folge von Elementen über einer Menge M dar, sondern als Teilmenge über M.

1.2.1   Kombinationen ohne Wiederholung

Definition 1.5   Sei $M = [1, n]$ und $k \in \mathbb{N}_0$, $0 \leq k \leq n$. Eine k-Kombination (ohne Wiederholung) über M ist eine Teilmenge von M mit k Elementen. Mit $K(n, k)$ bezeichnen wir die Anzahl der k-Kombinationen, die über der Menge M gebildet werden können.   □

k-Kombination ohne Wiederholung

Beispiel 1.8   Beim Lottospiel „6 aus 49" bedeutet für die Spieler die Ziehung $\langle 13, 5, 27, 11, 48, 32 \rangle$ dasselbe wie die Ziehung $\langle 27, 11, 5, 48, 32, 13 \rangle$, da die Reihenfolge der gezogenen Zahlen für die Gewinnausschüttung keine Rolle spielt. Wir können also diese und alle möglichen weiteren Ziehungen mit diesen Zahlen als Menge darstellen: $\{ 5, 11, 13, 27, 32, 48 \}$.   □

Man kann eine k-Kombination $\{ x_1, \ldots, x_k \}$ über einer n-elementigen Menge auch als eine Äquivalenzklasse betrachten, die alle k-Permutationen dieser Elemente enthält. Im Beispiel 1.8 ist $\{ 5, 11, 13, 27, 32, 48 \}$ die Äquivalenzklasse, die als Elemente alle Folgen, die aus diesen Elementen gebildet werden können, enthält. Die Anzahl der Elemente einer solchen Äquivalenzklasse ist $P(k, k) = k!$.

Aus dieser Überlegung können wir die Anzahl der k-Kombinationen $K(n, k)$ über einer n-elementigen Menge ableiten: Es gibt $P(n, k)$ geordnete k-Permutationen ohne Wiederholungen, und zu jeder dieser gibt es $P(k, k)$ Permutationen, die wir zu einer Äquivalenzklasse, der entsprechenden k-Kombination, zusammenfassen. Es gilt also:

$$P(n, k) = K(n, k) \cdot P(k, k) \qquad (1.12)$$

Damit gilt der

Satz 1.6   Die Anzahl $K(n, k)$ von Kombinationen über einer n-elementigen Menge wird durch

$$K(n, k) = \frac{P(n, k)}{P(k, k)} = \frac{n!}{k! \cdot (n - k)!} = \frac{n^{\underline{k}}}{k!} \qquad (1.13)$$

bestimmt.   □

Übungsaufgaben

1.8 a) Vollziehen Sie die obige Beweisidee für den Satz 1.6 anhand der Bestimmung von $K(4,3)$ nach!

b) Versuchen Sie einen formalen Beweis für Satz 1.6! □

Binomial-koeffizient

Den Ausdruck (1.13) nennt man auch *Binomialkoeffizient* und notiert ihn wie folgt:

$$\binom{n}{k} = \frac{n!}{k! \cdot (n-k)!} = \frac{n^{\underline{k}}}{k!} \tag{1.14}$$

Man spricht „n über k“. Auf einige grundlegende Eigenschaften und Verwendungsmöglichkeiten des Binomialkoeffizienten gehen wir im Kapitel 1.3 ein.

Beispiel 1.9 Wie viele Möglichkeiten gibt es beim Lotto, 6 Zahlen aus 49 zu ziehen? Es gilt:

$$K(49,6) = \binom{49}{6} = \frac{49!}{6! \cdot (49-6)!} = \frac{49!}{6! \cdot 43!}$$

$$= \frac{1 \cdot 2 \cdot \ldots \cdot 43 \cdot \ldots \cdot 49}{6! \cdot 1 \cdot 2 \cdot \ldots \cdot 43} = \frac{44 \cdot \ldots \cdot 49}{1 \cdot 2 \cdot \ldots \cdot 6} = 13\,983\,816$$

Somit ist die Wahrscheinlichkeit, sechs Richtige zu tippen $1:13\,983\,816$. □

Aus Satz 1.1 und Gleichung (1.14) folgt unmittelbar

$$P(n,k) = k! \binom{n}{k}$$

1.2.2 Kombinationen mit Wiederholung

Wir wollen bei Kombinationen jetzt auch Wiederholungen zulassen, d.h. wir betrachten k-elementige Multiteilmengen über n-elementigen Mengen M. Die Elemente von M können also wiederholt auf die Teilmengen verteilt werden.

k-Kombination mit Wiederholung

Um die Anzahl $K^*(n,k)$ der k-Kombinationen mit Wiederholung über einer n-elementigen Menge zu bestimmen, überlegen wir, dass wir beim Auswählen einer solchen Kombination $k-1$ Elemente (alle, bis auf das letzte) wieder auswählen können. Wenn wir uns vorstellen, dass diese Elemente von vornherein zur Auswahl zur Verfügung stehen, dann können wir die Auswahl als Kombination ohne Zurücklegen betrachten. Damit hätten wir eine k-Kombination ohne Wiederholung über einer $n+k-1$-elementigen Menge. Somit ergibt sich mit der Festlegung (1.14) und Satz 1.6

Satz 1.7 Die Anzahl $K^*(n,k)$ von k-Kombinationen mit Wiederholung (von k-Multimengen) über einer n-elementigen Menge M wird bestimmt durch

$$K^*(n,k) = K(n+k-1,k) = \binom{n+k-1}{k} = \frac{(n+k-1)!}{k! \cdot (n-1)!} = \frac{n^{\overline{k}}}{k!}$$

Beweis Neben der obigen informellen Begründung geben wir noch folgenden formalen Beweis für die Behauptung. Sei dazu A die Menge aller k-Multimengen über $M = [1,n]$, es ist also $|A| = K^*(n,k)$. Sei B die Menge aller k-Kombinationen (ohne Wiederholung) über der Menge $M' = \{1,\ldots,n,n+1,\ldots,n+k-1\} = [1,n+k-1]$, damit ist $|B| = K(n+k-1,k)$. Wenn wir nun zeigen können, dass $|A| = |B|$ ist, dann ist die Behauptung gezeigt. $|A| = |B|$ gilt, wenn wir eine bijektive Abbildung $f : A \to B$ angeben können (siehe Abschnitt 3.1.2).

Für $\{a_1,\ldots,a_k\} \in A$ mit $a_i \le a_j$ für $i < j$ ($a_i = a_j$ ist möglich, da die Menge $\{a_1,\ldots,a_k\}$ eine Multimenge ist) definieren wir

$$f(\{a_1,\ldots,a_k\}) = \{a_1+0, a_2+1, \ldots, a_k+(k-1)\}$$

Es gilt:

(1) $1 \le a_1 < a_2+1 < \ldots < a_k+(k-1) \le n+k-1$, d.h. es ist $f(\{a_1,\ldots,a_k\}) \in B$.

(2) f ist offensichtlich eine totale Funktion.

(3) f ist offensichtlich injektiv.

(4) f ist surjektiv. Sei dazu $\{b_1,\ldots,b_k\} \in B$. Damit ist $b_i < b_j$ für $i < j$ ($b_i = b_j$ ist nicht möglich, da die Menge $\{b_1,\ldots,b_k\}$ keine Multimenge ist) sowie $1 \le b_1$ und $b_k \le n+k-1$. Für $\{b_1, b_2-1, \ldots, b_k-(k-1)\}$ gilt dann $1 \le b_1 \le b_2-1 \le \ldots \le b_k-(k-1) \le n$, also $\{b_1, b_2-1, \ldots, b_k-(k-1)\} \in A$, und $f(\{b_1, b_2-1, \ldots, b_k-(k-1)\}) = \{b_1,\ldots,b_k\}$. Zu jedem Element aus B existiert also ein Urbild von f in A, damit ist f surjektiv.

Aus (1) - (4) folgt, dass f eine Bijektion von A nach B ist, womit $|A| = |B|$ und damit die Behauptung gezeigt ist. □

Beispiel 1.10 Wie viele Zahlenkombinationen kann man mit vier Würfen würfeln? Einem Wurf entspricht die Auswahl eines Elementes aus der Menge $M = [1,6]$, wobei die Reihenfolge der gewählten Zahlen keine Rolle spielt. Da bei jeder Auswahl außer bei der letzten alle Elemente wieder ausgewählt werden können, handelt es sich um eine $(6,4)$-Kombination mit Wiederholung. Somit kann man mit vier Würfen

$$K^*(6,4) = \binom{6+4-1}{4} = \binom{9}{4} = \frac{9!}{4! \cdot 5!} = 126$$

Zahlenkombinationen werfen.   □

In Kapitel 4 kommen wir noch einmal auf die Bestimmung von Kombinationen zurück.

 Übungsaufgaben

1.9 (1) Wie viele Möglichkeiten gibt es, im Mau-Mau-Spiel an vier Mitspie-
        lerInnen jeweils fünf Karten auszugeben und eine Karte aufzudecken?

     (2) Wie viele verschiedene Mehrheitsbildungen gibt es in einer fünf-
        köpfigen Kommission?   □

1.2.3 Zusammenfassung

Eine k-Kombination ist die Auswahl einer k-elementigen Teilmenge aus
einer n-elementigen Menge, es gibt

$$K(n,k) = \binom{n}{k} = \frac{n^{\underline{k}}}{k!}$$

solcher Kombinationen. Sind als Teilmengen Multimengen erlaubt, d.h.
dürfen Elemente mehrfach ausgewählt werden, spricht man von Kombinationen mit Wiederholung. Es gibt

$$K^*(n,k) = K(n+1-k,k) = \frac{n^{\overline{k}}}{k!}$$

k-Kombinationen mit Wiederholung.

1.3 Multinomialkoeffizienten

Den Binomialkoeffizienten $\binom{n}{k}$ haben wir bereits bei der Bestimmung der
Anzahl $K(n,k)$ der k-Kombinationen einer n-elementigen Menge kennengelernt: $K(n,k) = \binom{n}{k}$. Der Binomialkoeffizient spielt in vielen Abzähl- und

Auswahlproblemen eine wichtige Rolle. Einige seiner grundlegenden Eigenschaften und Anwendungsmöglichkeiten sowie seine Verallgemeinerung zum
Multinomialkoeffizienten werden wir in diesem Kapitel betrachten.

1.3.1   Binomialkoeffizienten

Den Binomialkoeffizienten haben wir bereits in der Festlegung (1.14) eingeführt. Für $n \geq k \geq 0$ gilt

$$\binom{n}{k} = \frac{n!}{k! \cdot (n-k)!} \qquad (1.15)$$

Für den Fall, dass $k > n$ oder $k < 0$ ein sollte, was gelegentlich bei Summen
vorkommen kann, setzen wir $\binom{n}{k} = 0$. Im Kapitel 6 werden wir Verallgemeinerungen der Fakultätsfunktion und damit auch des Binomialkoeffizienten
betrachten, bei denen $n \in \mathbb{R}$ oder sogar $n \in \mathbb{C}$ sein kann.

Im Folgenden betrachten wir ein paar grundlegende Eigenschaften und Verwendungsmöglichkeiten des Binomialkoeffizienten. Es lässt sich mit der Definition (1.15) unmittelbar ausrechnen, dass für alle $n \in \mathbb{N}_0$ gilt:

$$\binom{n}{0} = 1, \quad \binom{n}{n} = 1, \quad \binom{n}{1} = n, \quad \binom{n}{n-1} = n$$

Diese Gleichungen sind Spezialfälle der folgenden *symmetrischen Identität*   **Symmetrische
Identität**

$$\binom{n}{k} = \binom{n}{n-k} \qquad (1.16)$$

die sich ebenfalls unmittelbar aus (1.15) ergibt.

Die Binomialkoeffizienten lassen sich wie folgt rekursiv definieren:

$$\binom{n}{0} = 1$$

$$\binom{n}{k} = \binom{n}{k-1} \cdot \frac{n-k+1}{k}, \quad 1 \leq k \leq n \qquad (1.17)$$

Weiterhin gelten die folgenden Beziehungen:

$$\binom{n}{k} = \binom{n-1}{k} + \binom{n-1}{k-1}, \; k \geq 1 \tag{1.18}$$

$$\binom{n}{k} = \frac{n}{k}\binom{n-1}{k-1}, \; k \geq 1 \tag{1.19}$$

$$k\binom{n}{k} = n\binom{n-1}{k-1} \tag{1.20}$$

$$(n-k)\binom{n}{k} = n\binom{n-1}{k} \tag{1.21}$$

 Übungsaufgaben

1.10   Beweisen Sie die Beziehungen (1.17 - 1.21)!   □

Pascalsches Dreieck   In der Anordnung der Binomialkoeffizienten in das sogenannte *Pascalsche Dreieck*[3] spiegelt sich die Gleichung (1.18) wider:

$n = 0$ $\qquad\qquad\qquad\qquad\qquad \binom{0}{0} = 1$

$n = 1$ $\qquad\qquad\qquad\qquad \binom{1}{0} = 1 \qquad\qquad \binom{1}{1} = 1$

$n = 2$ $\qquad\qquad \binom{2}{0} = 1 \qquad\qquad \binom{2}{1} = 2 \qquad\qquad \binom{2}{2} = 1$

$n = 3$ $\quad \binom{3}{0} = 1 \qquad\qquad \binom{3}{1} = 3 \qquad\qquad \binom{3}{2} = 3 \qquad\qquad \binom{3}{3} = 1$

$\qquad\quad \vdots \qquad\qquad\qquad \vdots \qquad\qquad\qquad \vdots \qquad\qquad\qquad \vdots$

---

3   Benannt nach Blaise Pascal (1623 - 1662), Religionsphilosoph, Mathematiker und Physiker. Schon in jungen Jahren lieferte Pascal Beiträge zu Kegelschnitten und zur Konstruktion einer Rechenmaschine. Weitere Arbeiten beschäftigten sich mit Kombinatorik und Wahrscheinlichkeitstheorie, und er verwendete das Prinzip der vollständigen Induktion. Des Weiteren wies er nach, dass der Luftdruck in der Höhe abnimmt, und er gilt als der größte religiöse Denker des neuzeitlichen Frankreich.

Tabelle 1.1 stellt das Dreieck als (untere) Dreiecksmatrix dar. Die Gleichung (1.18) drückt aus, dass sich der Binomialkoeffizient in der $(n+1)$-ten Zeile und der $(k+1)$-ten Spalte ergibt, wenn man den in der n-ten Zeile und den in der $(k+1)$-ten Spalte zu dem in der n-ten Zeile und k-ten Spalte addiert.

n	$\binom{n}{0}$	$\binom{n}{1}$	$\binom{n}{2}$	$\binom{n}{3}$	$\binom{n}{4}$	$\binom{n}{5}$	$\binom{n}{6}$	$\binom{n}{7}$	$\binom{n}{8}$	$\binom{n}{9}$	$\binom{n}{10}$
0	1										
1	1	1									
2	1	2	1								
3	1	3	3	1							
4	1	4	6	4	1						
5	1	5	10	10	5	1					
6	1	6	15	20	15	6	1				
7	1	7	21	35	35	21	7	1			
8	1	8	28	56	70	56	28	8	1		
9	1	9	36	84	126	126	84	36	9	1	
10	1	10	45	120	210	252	210	120	45	10	1
$\vdots$				$\cdots$							

Tabelle 1.1   Pascalsches Dreieck

Die Bezeichnung Binomialkoeffizient resultiert aus Überlegungen die *Binome*   **Binom**

$$(a+b)^n, \, n \geq 0$$

(für $a, b \in \mathbb{C}$) betreffend:

$$(a+b)^0 = 1$$
$$(a+b)^1 = a+b$$
$$(a+b)^2 = a^2 + 2ab + b^2$$
$$(a+b)^3 = a^3 + 3a^2b + 3ab^2 + b^3$$
$$\vdots$$

Wie lässt sich allgemein die Potenz

$$(a+b)^n = \underbrace{(a+b)(a+b) \cdot \ldots \cdot (a+b)}_{n\text{-mal}}$$

als Summe darstellen?

Beim Ausmultiplizieren dieses Produktes ergeben sich die Summanden $a^k b^{n-k}$, $0 \leq k \leq n$. Wenn man die n Faktoren $(a+b)$ mit $1, \ldots, n$ durchnummeriert, kann man die k a's aus k der n Faktoren auswählen. Die Nummern der k

ausgewählten Faktoren bilden eine Teilmenge (auf die Reihenfolge kommt es nicht an) von $[\,1,n\,]$. Die Anzahl dieser Teilmengen ist $K(n,k) = \binom{n}{k}$, also gibt es $\binom{n}{k}$ Möglichkeiten, den Summanden $a^k b^{n-k}$ zu bilden. Aus diesen Überlegungen ergibt sich die sogenannte *Binomische Formel*:

Binomische Formel

Satz 1.8 Es gilt:

$$(a+b)^n = \binom{n}{0}a^n b^0 + \binom{n}{1}a^{n-1}b^1 + \ldots + \binom{n}{b-1}a^1 b^{n-1} + \binom{n}{n}a^0 b^n$$

$$= \sum_{k=0}^{n} \binom{n}{k} a^k b^{n-k} \tag{1.22}$$

für alle $a, b \in \mathbb{C}$ und alle $n \in \mathbb{N}_0$.   □

Wegen der Symmetrie des Binomialkoeffizienten folgt unmittelbar

$$(a+b)^n = \sum_{k=0}^{n} \binom{n}{k} a^{n-k} b^k \tag{1.23}$$

Aus der Binomischen Formel folgt unmittelbar für $x \in \mathbb{C}$

$$(x+1)^n = (1+x)^n = \sum_{k=0}^{n} \binom{n}{k} x^k \tag{1.24}$$

und hieraus für $x = 2$

$$2^n = (1+1)^n = \sum_{k=0}^{n} \binom{n}{k} 1^{n-k} 1^k$$

$$= \sum_{k=0}^{n} \binom{n}{k} = \binom{n}{0} + \binom{n}{1} + \ldots + \binom{n}{n} \tag{1.25}$$

sowie für $x = -1$

$$0 = 0^n = (1-1)^n = \sum_{k=0}^{n} \binom{n}{k} 1^{n-k}(-1)^k$$

$$= \sum_{k=0}^{n} (-1)^k \binom{n}{k}$$

$$= \binom{n}{0} - \binom{n}{1} + \ldots + (-1)^n \binom{n}{n}$$

Aus dieser Beziehung folgt unmittelbar:

$$\sum_{\substack{k=0 \\ k \in \mathbb{U}_+}}^{n} \binom{n}{k} = \sum_{\substack{k=0 \\ k \in \mathbb{G}_+}}^{n} \binom{n}{k} = 2^{n-1}$$

Mithilfe der Gleichung (1.25) lässt sich unmittelbar ableiten, dass für die Potenzmenge $\mathcal{P}(M)$, d.h. der Menge aller Teilmengen, einer n-elementigen Menge M gilt:

$$|\mathcal{P}(M)| = 2^n$$

Denn gemäß Festlegung (1.14) und Satz 1.6 folgt, dass die Anzahl der Teilmengen mit k Elementen einer Menge mit n Elementen gleich

$$K(n,k) = \binom{n}{k}$$

ist. Die Anzahl aller Teilmengen von M ergibt sich daraus wie folgt

$$K(n,0) \;+\; K(n,1) \;+\; \ldots \;+\; K(n,n) \;=\; \sum_{k=0}^{n} K(n,k) =$$

$$\binom{n}{0} \;+\; \binom{n}{1} \;+\; \ldots \;+\; \binom{n}{n} \;=\; \sum_{k=0}^{n} \binom{n}{k} = 2^n$$

Daraus ergibt sich, dass die Anzahl der Teilmengen einer n-elementigen Menge gleich 2^n ist. Diese Zahl entspricht der Summe der Elemente in der n-ten Zeile im Pascalschen Dreieck (siehe Tabelle 1.1).

Die Teilmengen $A \in \mathcal{P}(M)$ einer n-elementigen Menge $M = \{a_1, \ldots, a_n\}$ lassen sich durch *Bitvektoren* $x_A = (x_1, \ldots, x_n) \in \{0,1\}^n$ repräsentieren: x_i wird gleich 1 gesetzt genau dann, wenn $a_i \in A$ ist, alle anderen Komponenten von x werden 0 gesetzt. Aus dieser eineindeutigen Zuordnung von $\mathcal{P}(M)$ und $\{0,1\}^n$ folgt $|\mathcal{P}(M)| = |\{0,1\}^n| = 2^n$, womit wir neben dem obigen Beweis mithilfe der binomischen Formel einen weiteren Beweis für diese Aussage gefunden haben.   **Bit-vektoren**

Wir betrachten nun die Summe der n ersten Elemente in der Spalte k des Pascalschen Dreiecks (siehe Tabelle 1.1), diese ist gleich

$$\sum_{i=k}^{n} \binom{i}{k} = \binom{n+1}{k+1}, \; n \geq k \geq 0 \qquad (1.26)$$

bzw. wenn wir $\binom{i}{k} = 0$ für $k > i$ setzen

$$\sum_{i=0}^{n} \binom{i}{k} = \binom{n+1}{k+1}, \; n \geq k \geq 0 \qquad (1.27)$$

Die Summe der ersten n Elemente der k-ten Spalte ergeben also das Element in der $n+1$-ten Zeile und $k+1$-ten Spalte.

Übungsaufgaben

1.11 (1) Überprüfen Sie diese Gleichung anhand der Tabelle 1.1!

(2) Beweisen Sie die Gleichung (1.26) bzw. (1.27)!   □

Für den Spezialfall $k = 1$ gilt einerseits

$$\sum_{i=1}^{n} \binom{i}{1} = \binom{1}{1} + \binom{2}{1} + \ldots + \binom{n}{1} = 1 + 2 + \ldots + n = \sum_{i=1}^{n} i$$

und andererseits mit (1.26)

$$\sum_{i=1}^{n} \binom{i}{1} = \binom{n+1}{2}$$

Somit folgt für die Summe der ersten n natürlichen Zahlen die (bekannte) Gleichung:

$$\sum_{i=1}^{n} i = \binom{n+1}{2} = \frac{n(n+1)}{2} \tag{1.28}$$

Wir wollen Gleichung (1.27) verwenden, um die Summe $\sum_{i=0}^{n} i^2$ der ersten n Qudratzahlen zu berechnen: Wir überlegen zunächst, dass

$$i^2 = (i^2 - i) + i = i(i-1) + i = 2 \cdot \frac{i(i-1)}{2} + i = 2 \cdot \binom{i}{2} + \binom{i}{1}$$

ist. Mit (1.27) folgt

$$\sum_{i=0}^{n} i^2 = \sum_{i=0}^{n} \left(2 \cdot \binom{i}{2} + \binom{i}{1} \right)$$

$$= 2 \sum_{i=0}^{n} \binom{i}{2} + \sum_{i=0}^{n} \binom{i}{1}$$

$$= 2 \binom{n+1}{3} + \binom{n+1}{2}$$

$$= \frac{(2n+1)(n+1)n}{6}$$

Übungsaufgaben

1.12 Bestimmen Sie mit der vorgestellten Methode die Summe $\sum_{i=0}^{n} i^3$ der ersten n Kubikzahlen und zeigen Sie, dass

$$\sum_{i=0}^{n} i^3 = \left(\sum_{i=0}^{n} i \right)^2$$

gilt!   □

Zunächst stellen wir fest, dass

$$i^3 = i(i-1)(i-2) + 3i(i-1) + i = i^{\underline{3}} + 3i^{\underline{2}} + i^{\underline{1}}$$

gilt. Wegen (1.14) gilt

$$i^{\underline{k}} = k! \binom{i}{k}$$

und somit

$$i^3 = 3! \binom{i}{3} + 3 \cdot 2! \binom{i}{2} + 1! \binom{i}{1}$$

Damit ergibt sich

$$\sum_{i=0}^{n} i^3 = 6 \sum_{i=0}^{n} \binom{i}{3} + 6 \sum_{i=0}^{n} \binom{i}{2} + \sum_{i=0}^{n} \binom{i}{1}$$

$$= 6 \cdot \binom{n+1}{4} + 6 \cdot \binom{n+1}{3} + \binom{n+1}{2} \qquad \text{mithilfe (1.27)}$$

$$= \frac{1}{4}n^4 + \frac{1}{2}n^3 + \frac{1}{4}n^2$$

$$= \frac{n^2 \left(n^2 + 2n + 1 \right)}{4}$$

$$= \left(\frac{n(n+1)}{2} \right)^2 = \left(\sum_{i=0}^{n} i \right)^2 \qquad \text{mithilfe (1.28)}$$

In Kapitel 6.4 werden wir die Summe der Quadratzahlen und die Summe der Kubikzahlen noch mit anderen Methoden bestimmen.

Übungsaufgaben

1.13 (1) Zur Begrüßung geben sich n Personen paarweise die Hand. Wie viele Händepaare haben sich insgesamt geschüttelt?

(2) Es sei $n \in \mathbb{N}_0$. Beweisen Sie, dass die Formel

$$\sum_{k=0}^{m} \binom{n+k}{k} = \binom{n}{0} + \binom{n+1}{1} + \ldots + \binom{n+m}{m}$$

$$= \binom{n+m+1}{m}$$

gilt! Geben Sie eine anschauliche Interpretation dieser Formel anhand des Pascalschen Dreiecks! □

Vandermondesche Identität

Wir wollen noch eine weitere Beziehung für Binomialkoeffizienten, die sogenannte *Vandermondesche Identität*,[4] betrachten. Dazu betrachten wir folgendes Beispiel: In einer Quizshow seien n weibliche und m männliche Zuschauer. Wie viele Möglichkeiten hat die Moderatorin, von diesen k Kandidatinnen und Kandidaten für eine Fragerunde auszuwählen? Wir können die Anzahl der Möglichkeiten auf zwei Arten bestimmen. Da es sich offensichtlich um eine k-Kombination aus $m + n$ Elementen handelt, gilt gemäß Satz 1.6 und Gleichung (1.14) zum einen, dass es

$$\binom{m+n}{k}$$

Möglichkeiten gibt. Zum anderen können wir die Anzahl der Möglichkeiten auch bestimmen, indem wir die Auswahlmöglichkeiten für Kandidatinnen und Kandidaten getrennt betrachten: Es seien l der k Ausgewählten weiblich. Für jedes $l \in \{0, 1, \ldots, k\}$ gibt es $\binom{n}{l}$ Möglichkeiten, Kandidatinnen auszuwählen, und $\binom{m}{k-l}$ Möglichkeiten, Kandidaten auszuwählen. Mit diesen Überlegungen ergeben sich also

$$\sum_{l=0}^{k} \binom{n}{l}\binom{m}{k-l}$$

Möglichkeiten für die Auswahl von k Kandidatinnen und Kandidaten aus insgesamt $m + n$ Zuschauerinnen und Zuschauern.

---

4   Benannt nach Alexandre-Théophile Vandermonde, 1735 - 1796, einem französischen Musiker und Mathematiker, der sich u.a. mit der Lösung von Gleichungen höheren Grades beschäftigte.

Aus diesen Überlegungen ergibt sich die Beziehung

$$\binom{m+n}{k} = \sum_{l=0}^{k} \binom{n}{l}\binom{m}{k-l} \tag{1.29}$$

Im Kapitel 4 geben wir einen Beweis der Vandermondschen Identität mithilfe von erzeugenden Funktionen.

1.3.2 Multinomialkoeffizienten

Wir verallgemeinern nun Überlegungen aus dem vorigen Abschnitt und betrachten die *Multinome*   **Multinom**

$$(a_1 + \ldots + a_t)^n = \left(\sum_{j=1}^{t} a_j\right)^n \tag{1.30}$$

für $t \geq 1$ und $n \geq 0$; für $t = 2$ handelt es sich um Binome, für die wir mit (1.23) bzw. (1.22) Summendarstellungen kennen. Das Ausmultiplizieren von (1.30), d.h. von

$$\underbrace{(a_1 + \ldots + a_t) \cdot (a_1 + \ldots + a_t) \cdot \ldots \cdot (a_1 + \ldots + a_t)}_{n\text{-mal}} \tag{1.31}$$

ergibt n Summanden der Art

$$a_1^{n_1} a_2^{n_2} \ldots a_t^{n_t} \tag{1.32}$$

mit $0 \leq n_j \leq n$, $1 \leq j \leq t$, und $\sum_{j=1}^{t} n_j = n$, d.h. wir haben n Fächer, aus denen jeweils eins der a_j ausgewählt wird, insgesamt n_j-mal; die Gesamtanzahl von Auswahlen muss natürlich gleich n sein.

Für die Summendarstellung

$$\sum_{\substack{0 \leq n_1, \ldots, n_t \leq n \\ \sum_{j=1}^{t} n_j = n}} f_{n;n_1,\ldots,n_t}\, a_1^{n_1} a_2^{n_2} \ldots a_t^{n_t}$$

für (1.30) müssen wir die Koeffizienten $f_{n;n_1,\ldots,n_t}$ bestimmen, d.h. die Anzahl, mit der der Summand $a_1^{n_1} a_2^{n_2} \ldots a_t^{n_t}$ aus den n-Fächern gezogen werden kann: Für a_1 gibt es

$$\binom{n}{n_1}$$

Möglichkeiten, für a_2 dann noch

$$\binom{n-n_1}{n_2}$$

Möglichkeiten, allgemein für a_j, $1 \leq j \leq t$,

$$\binom{n - n_1 - n_2 - \ldots - n_{j-1}}{n_j}$$

Möglichkeiten, d.h. schließlich für a_t

$$\binom{n - n_1 - n_2 - \ldots - n_{t-1}}{n_t}$$

Möglichkeiten. Insgesamt ergibt sich daraus

$$f_{n;n_1,\ldots,n_t} = \binom{n}{n_1} \cdot \binom{n - n_1}{n_2} \cdot \ldots \cdot \binom{n - n_1 - n_2 - \ldots - n_{t-1}}{n_t}$$

$$= \frac{n!}{n_1!(n - n_1)!} \cdot \frac{(n - n_1)!}{n_2!(n - n_1 - n_2)!} \cdot \frac{(n - n_1 - n_2)!}{n_3!(n - n_1 - n_2 - n_3)!} \cdot$$
$$\ldots \cdot \frac{(n - \ldots - n_{t-1})!}{n_t!(n - \ldots - n_t)!}$$

$$= \frac{n!}{n_1! \cdot n_2! \cdot \ldots \cdot n_t!}$$

durch Vergleich mit Satz 1.2 erhalten wir unmittelbar

Folgerung 1.5 Es gilt

$$f_{n;n_1,\ldots,n_t} = P(n; n_1, \ldots, n_t)$$

Hierauf hätten wir auch durch entsprechende Überlegungen kommen können: Wenn wir uns (1.32) ansehen, dann suchen wir nach der Anzahl von Wörtern der Länge n, die mit den Buchstaben $a_1, \ldots, a_t$ gebildet werden können, wobei jeder Buchstabe a_j genau n_j-mal vorkommt (da wir es hier mit Zahlen zu tun haben, fassen wir im Unterschied zu Wörtern gleiche Faktoren a_j, die n_j-mal vorkommen, zu Potenzen $a_j^{n_j}$ zusammen und sortieren diese Potenzen so, dass a_j vor a_{j+1} steht. $\qquad\square$

Für $f_{n;n_1,\ldots,n_t}$ bzw. für

$$P(n; n_1, \ldots, n_t) = \frac{n!}{n_1! \cdot n_2! \cdot \ldots \cdot n_t!}$$

schreiben wir auch

$$\binom{n}{n_1, \ldots, n_t} \tag{1.33}$$

Im Allgemeinen erhalten wir die *Multinomische Formel*

$$\left(\sum_{j=1}^{t} a_j\right)^n = \sum_{\substack{0 \le n_1, \dots, n_t \le n \\ \sum_{j=1}^{t} n_j = n}} \binom{n}{n_1, \dots, n_t} a_1^{n_1} a_2^{n_2} \dots a_t^{n_t}$$

Multi-nomische Formel

(1.34)

$$= \sum_{\substack{0 \le n_1, \dots, n_t \le n \\ \sum_{j=1}^{t} n_j = n}} \frac{n!}{\prod_{j=1}^{t} n_j} \prod_{j=1}^{t} a_j^{n_j}$$

Für den Spezialfall $t = 2$ erhalten wir, wenn wir $k = n_1$ setzen, woraus sich $n_2 = n - n_1 = n - k$ ergibt:

$$f_{n;k,n-k} = P(n; k, n-k)$$

$$= \binom{n}{k, n-k}$$

(1.35)

$$= \frac{n!}{k!(n-k)!}$$

$$= \binom{n}{k} = K(n, k)$$

Ersetzen wir hier n durch $n + k - 1$, dann erhalten wir

$$P(n + k - 1; k, n - 1) = \binom{n+k-1}{k, n-1}$$

$$= \frac{(n+k-1)!}{k!\,(n-1)!}$$

(1.36)

$$= \binom{n+k-1}{k}$$

$$= K^*(n, k)$$

Beispiel 1.11 Eine Familie mit sechs Personen entschließt sich nach einem Sonntagsausflug, ein Fast Food-Restaurant zu besuchen, welches vier Menüs anbietet. Der Vater, Mathematiker von Beruf, kann es nicht lassen, seine Lieben auch an diesem Tag mit einer Aufgabe zu foppen: „Wer mir sagen kann, wie viele Bestellmöglichkeiten wir haben, dem spendiere ich eine Cola." Da es nichts Besseres zu tun gibt, und alle wissen, wie sehr sich der Vater freut, überbrücken alle die Zeit, indem sie sich mit der Aufgabe beschäftigen. Mutter H. und Sohn P. stellen die folgende Tabelle auf, in

der in den Zeilen beispielhaft Möglichkeiten für Menüauswahlen der sechs
Familienmitglieder eingetragen werden. Die Personen bennen sie dabei mit
$p_1, p_2, \ldots, p_6$, und die vier Menüs notieren sie mit $1, 2, 3, 4$. Ihre Tabelle sieht
wie folgt aus:

p_1	p_2	p_3	p_4	p_5	p_6
2	3	2	1	4	4
3	1	2	1	1	3
4	4	4	2	4	3
3	3	3	3	3	3
$\vdots$	$\vdots$	$\vdots$	$\vdots$	$\vdots$	$\vdots$

Der Vater schaut zu und sagt: „Schön macht Ihr das! Aber wie behaltet Ihr
den Überblick? Seid Ihr sicher, keine Möglichkeit zu vergessen oder keine
mehrfach aufzuführen? Und wie lange braucht Ihr, bis die Tabelle fertig ist?"
Tochter S. und der jüngste Sohn Da. haben zugeschaut und bemerken: „Wir
wollen doch nur die Anzahl wissen, dabei spielt die Reihenfolge keine Rolle",
und sie stellen eine Tabelle auf, in der jede Menüauswahl aufsteigend nach
Menünummern sortiert aufgelistet ist:

$$\langle\, 1, 2, 2, 3, 4, 4 \,\rangle$$
$$\langle\, 1, 1, 1, 2, 3, 3 \,\rangle$$
$$\langle\, 2, 3, 4, 4, 4, 4 \,\rangle$$
$$\langle\, 3, 3, 3, 3, 3, 3 \,\rangle$$
$$\vdots$$

„Das hilft sicher, die Übersicht zu behalten", sagt der Vater, „aber bis Ihr
alles aufgeschrieben habt, ist unser Essen längst kalt geworden – geht's nicht
schneller?" Da meldet sich Sohn Do., der wie immer bei solchen Momenten
still vor sich hingegrübelt und einiges auf die bereitliegenden Servietten
gekritzelt hat: „Ich kann das noch einfacher aufschreiben", sagt er und malt
folgende Zeichenketten auf:

$$x|xx|x|xx$$
$$xxx|x|xx|$$
$$|x|x|xxxx$$
$$||xxxxxx|$$
$$\vdots$$

„Eine Menüauswahl stelle ich als eine Zeichenkette aus den zwei Zeichen x
und $|$ dar. In jeder Zeichenkette kommen genau neun Zeichen vor, nämlich
genau sechs x und genau drei $|$. Die Zeichenketten bestehen immer aus vier
Gruppen von x, die durch jeweils drei $|$ getrennt sind; die Anzahl der x
in der i-ten Gruppe gibt an, wie oft das Menü i bestellt wird", erläutert
Do. „Ja, toll", mokieren sich die anderen, „was bringt das denn? Das ist

doch eher komplizierter!" „Na ja", sagt Do., „jetzt müssen wir nur noch
überlegen, wie viele Zeichenketten der Länge neun mit den beiden Symbolen
x und | gebildet werden können, in denen jeweils genau sechs x und drei
| vorkommen." „Prima", sagt der Vater, „jetzt essen wir aber erst, und
dann überlegen wir weiter bei einem Glas Cola, dass ich jedem von Euch
spendiere."

Diese kleine Geschichte stellt ein Beispiel dar für den Zusammenhang (1.36)
zwischen Kombinationen mit Wiederholung und Permutationen, in denen
verschiedene Elemente mit einer jeweils festgelegten Häufigkeit vorkommen. Wir haben einerseits $n = 4$ Elemente, aus denen $k = 6$ Elemente mit
Wiederholung gezogen werden, wobei die Reihenfolge keine Rolle spielt. Mit
Satz 1.7 ergeben sich

$$K^*(4,6) = \binom{9}{6} = 84$$

Möglichkeiten. Andererseits haben wir zweibuchstabige Zeichenketten der
Länge $n - 1 + k = 9$, in denen ein Buchstabe sechs- und der andere dreimal
vorkommen. Mit Satz 1.2 ergeben sich

$$P(9; 6, 3) = \frac{9!}{6! \cdot 3!} = \binom{9}{6, 3} = 84$$

Möglichkeiten.   □

 ## Übungsaufgaben

1.14 Wie viele Lösungen $\langle x_1, \ldots, x_{10} \rangle$ mit $x_i \in \mathbb{N}_0$, $1 \leq i \leq 10$, besitzt die
      Gleichung $x_1 + \ldots + x_{10} = 25$?   □

Aus Übung 1.14 können wir unmittelbar die folgende Folgerung ableiten.

Folgerung 1.6 Die Gleichung

$$x_1 + \ldots + x_k = n$$

mit $k, n \in \mathbb{N}_0$ besitzt

$$P(n + k - 1; n, k - 1) = \frac{(n + k - 1)!}{n! \cdot (k - 1)!} = K^*(k, n)$$

viele Lösungen $\langle x_1, \ldots, x_k \rangle$ mit $x_i \in \mathbb{N}_0$, $1 \leq i \leq k$.   □

1.3.3   Zusammenfassung

Die Zahlen
$$\binom{n}{k} = \frac{n!}{k!(n-k)!}$$
heißen Binomialkoeffizienten. Sie sind die Koeffizienten der Summanden $a^k b^{n-k}$ des Binoms $(a+b)^n$. Für die Binomialkoeffizienten gilt die Rekursion
$$\binom{n+1}{k+1} = \binom{n}{k} + \binom{n}{k+1}$$
welche sich als Pascalsches Dreieck veranschaulichen lässt. Für die Binomialkoeffizienten gelten vielfältige Summenbeziehungen, z.B. über Zeilen, Spalten und Diagonalen. Die Spaltenbeziehung kann zur Berechnung der Summen $\sum_{i=0}^{n} i^m$ verwendet werden.

Als Verallgemeinerung der Binomialkoeffizienten ergeben sich die Multinomialkoeffizienten
$$\binom{n}{n_1, \ldots, n_t} = \frac{n!}{n_1! \cdot \ldots \cdot n_t!}$$
Sie sind die Koeffizienten der Summanden $a_1^{n_1} a_2^{n_2} \ldots a_1^{n_t}$ des Multinoms $(a_1 + a_2 + \ldots a_t)^n$.

Als eine Anwendung ergibt sich, dass die Gleichung
$$x_1 + \ldots + x_k = n$$
mit $k, n \in \mathbb{N}_0$
$$\binom{n+k-1}{n, k-1} = \frac{(n+k-1)!}{n! \cdot (k-1)!} = P(n+k-1; n, k-1) = K^*(k, n)$$
viele Lösungen $\langle x_1, \ldots, x_n \rangle$, $x_i \in \mathbb{N}_0$, $1 \le i \le n$, besitzt.

2   Partitionen

Im vorigen Kapitel haben wir uns mit der Auswahl und dem Abzählen von Teilmengen einer gegebenen Menge beschäftigt und dabei unterschieden zwischen geordneten und ungeordneten Auswahlen sowie zwischen Auswahlen mit und ohne Wiederholung. Am Ende des Kapitels haben wir bereits einen Zusammenhang zwischen ungeordnetem Auswählen mit Wiederholung und einer gewissen Art von Zerlegung einer Zahl in Summanden einer bestimmten Anzahl gesehen. In diesem Kapitel werden solche Zahlpartitionen detailliert betrachten. Des Weiteren betrachten wir gleichermaßen Mengenpartitonen sowie die Anzahl von Abbildungen, die zwischen zwei endlichen Mengen möglich sind, wenn diese Abbildungen bestimmte Eigenschaften erfüllen.

Nach dem Durcharbeiten dieses Kapitels sollten Sie   **Lernziele**

- Mengen- und Zahlpartitionen kennen und wissen, wie deren Anzahl bestimmt wird,

- die Stirlingzahlen zweiter Art und Beispiele für deren Verwendung erklären können,

- erklären können, wie die Anzahl totaler, injektiver, surjektiver und bijektiver Abbildungen zwischen endlichen Mengen bestimmt werden kann,

- die Catalanzahlen erklären und eine Rekursionsformel zu ihrer Berechnung herleiten können.

2.1   Zahlpartitionen

Im Anschluss an die Übung 1.14 und Folgerung 1.6 betrachten wir nun die Möglichkeiten, eine positive Zahl als Summe von positiven Zahlen darzustellen, d.h. wir fragen danach, wie viele Lösungen $x_1, \ldots, x_k \in \mathbb{N}$ es für die Gleichung

$$x_1 + \ldots + x_k = n \qquad (2.1)$$

mit $n \in \mathbb{N}$ es gibt.

Definition 2.1   Eine Zerlegung (2.1) einer Zahl $n \in \mathbb{N}$ in eine Summe von   **Zahlpartition** $k \in \mathbb{N}$ Summanden $x_1, \ldots, x_k \in \mathbb{N}$ heißt (n, k)-*Zahlpartition* von n.   □

Wir unterscheiden im Folgenden wie bei Mengenpartitionen auch bei Zahlen zwischen geordneten und ungeordneten Zahlpartitionen.

2.1.1 Geordnete Zahlpartitionen

Bei geordneten Zahlpartitionen spielt die Reihenfolge der Summanden eine Rolle. So ist z.B. für die Zahl 5 die Partition $1+1+3 = 5$ verschieden von der Partition $1+3+1 = 5$. Wir betrachten also die Summanden x_i, $1 \leq i \leq k$, in (2.1) als Folge $\langle x_1, \ldots, x_k \rangle$. Dann sind alle $k!$ Folgen $\langle x_{\pi(1)}, \ldots, x_{\pi(k)} \rangle$, die durch Permutationen $\pi : [1, k] \to [1, k]$ aus $\langle x_1, \ldots, x_k \rangle$ entstehen, verschieden geordnete Partitionen der Zahl n.

Wir wollen nun die Anzahl $Z(n, k)$ der geordneten k-Partitionen der Zahl n bestimmen. Dazu verwenden wir die Methode, die wir bereits in Übung 1.14 und Folgerung 1.6 verwendet haben. Wir stellen die Summe (2.1) dar, indem wir die Summanden x_i als Summe von x_i Einsen darstellen:

$$\underbrace{\underbrace{1 + \ldots + 1}_{x_1} + \underbrace{1 + \ldots + 1}_{x_2} + \ldots + \underbrace{1 + \ldots + 1}_{x_k}}_{n} = n$$

Im vorigen Abschnitt haben wir „x" anstelle von „1" notiert, die „+" innerhalb der x_i weggelassen und die „+" zwischen den x_i durch „|" dargestellt. Jede mögliche k-Partition von n wird durch die Position der $k - 1$ „+" zwischen den Summanden x_i bestimmt; dafür stehen insgesamt $n - 1$ „+" zur Verfügung. Die Anzahl der Möglichkeiten, aus $n - 1$ „+" $k - 1$ auszuwählen, beträgt $\binom{n-1}{k-1}$. Damit gilt

Satz 2.1 Für $k, n \in \mathbb{N}$ mit $n \geq k$ ist die Anzahl der k-Partitionen der Zahl n gegeben durch

$$Z(n, k) = \binom{n - 1}{k - 1} \tag{2.2}$$

Es folgt unmittelbar, dass $Z(n, k) = K(n - 1, k - 1)$ gilt.   □

In Folgerung 1.6 haben wir Zahlpartitionen betrachtet, bei denen $k, n \in \mathbb{N}_0$ und $x \in \mathbb{N}_0$ zugelassen sind, d.h. insbesondere die Summanden dürfen auch den Wert 0 annehmen. Wir können eine solche Partition der Zahl n

$$x_1 + \ldots + x_k = n$$

äquivalent darstellen durch die folgende Partition der Zahl $n + k$

$$(x_1 + 1) + \ldots + (x_k + 1) = n + k$$

womit die Summanden wieder die Bedingung erfüllen, ungleich 0 zu sein. Mit Satz 2.1 folgt, dass es

$$Z(n + k, k) = \binom{n + k - 1}{k - 1} = \binom{n + k - 1}{n} = K^*(k, n)$$

solcher Partitionen gibt, was natürlich mit der Aussage von Folgerung 1.6 übereinstimmt.

2.1.2 Ungeordnete Zahlpartitionen

Bei ungeordneten Zahlpartitionen spielt die Reihenfolge der Summanden keine Rolle. Es wird also z.B. für die Zahl 5 nicht zwischen den Zerlegungen $1 + 1 + 3 = 5$ und $1 + 3 + 1 = 5$ unterschieden. Wir wollen eine solche Partition

$$x_1 + \ldots + x_k = n$$

so notieren, dass die Summanden der Größe nach von links nach rechts geordnet sind: $x_i \leq x_j$, $i \neq j$. Wir bezeichnen mit $P_{n,k}$ die Anzahl aller ungeordneten k-Partitionen und mit P_n die Anzahl aller ungeordneten Partitionen der Zahl n. Dabei legen wir fest, dass $P_{0,0} = 1$ und $P_{n,k} = 0$ für $k > n$ ist. Offensichtlich gilt

Folgerung 2.1   Für $n \geq 1$:

a) $P_{n,0} = 0$,

b) $P_{n,1} = 1$,

c) $P_{n,n} = 1$,

d) $P_{n,n-1} = 1$,

e) $P_n = \sum_{k=0}^{n} P_{n,k}$. $\square$

Wir wollen nun $P_{n,k}$ bestimmen und betrachten dazu zunächst einige Beispiele:

(1) Für $n = 1$ gibt es nur die Partition $1 = 1$, damit gilt $P_{1,1} = 1$ und $P_1 = 1$.

(2) Für $n = 2$ gibt es zwei Partitionen: $2 = 2$ und $2 = 1 + 1$. Es ist also $P_{2,1} = 1$ bzw. $P_{2,2} = 1$ und damit $P_2 = 2$.

(3) Für $n = 3$ gilt

$$
\begin{array}{ll}
3 = 3 & P_{3,1} = 1 \\
 = 1 + 2 & P_{3,2} = 1 \\
 = 1 + 1 + 1 & P_{3,3} = 1
\end{array}
$$

und damit $P_3 = 3$.

(4) Für $n = 4$ gilt

$$
\begin{array}{ll}
4 = 4 & P_{4,1} = 1 \\
 = 1 + 3 = 2 + 2 & P_{4,2} = 2 \\
 = 1 + 1 + 2 & P_{4,3} = 1 \\
 = 1 + 1 + 1 + 1 & P_{4,4} = 1
\end{array}
$$

und damit $P_4 = 5$.

Übungsaufgaben

2.1 Bestimmen Sie $P_{5,k}$ für $1 \leq k \leq 5$ sowie P_5!   □

Satz 2.2 Für $k, n \in \mathbb{N}$ mit $n \geq k$ gilt

$$P_{n+k,k} = \sum_{i=0}^{k-1} P_{n,k-i} \tag{2.3}$$

Beweis Wir betrachten die Zahlpartitionen von $n + k$, indem wir die Zerlegung in zwei Teile aufteilen; der erste Teil besteht aus i Summanden, die alle gleich 1 sind, der zweite Teil besteht aus den $n - i$ Summanden, die größer 1 sind:

$$\underbrace{1 + 1 + \ldots + 1}_{i} + \underbrace{x_{i+1} + x_{i+2} + \ldots + x_k}_{k-i} = n + k$$

Subtrahieren wir von allen Summanden 1, erhalten wir die folgende $k - i$-Partition von n

$$x'_{i+1} + x'_{i+2} + \ldots + x'_k = n$$

wobei $x'_j = x_j - 1 \geq 1$ für $i + 1 \leq j \leq k$ gilt. Analog kann man aus einer $k-i$-Partition von n durch Addition von i Einsen eine k-Partition von $n+k$ konstruieren. Es folgt, dass es genau $P_{n,k-i}$ ungeordnete k-Zahlpartitionen von $n + k$ gibt, bei denen i Summanden gleich 1 sind. Da $n \geq k \geq 1$ ist, folgt $0 \leq i \leq k - 1$. Damit ist insgesamt die Behauptung gezeigt.   □

Folgerung 2.2 **a)** Für $k, n \in \mathbb{N}$ mit $n \geq k$ gilt

$$P_{n+k,k} = \sum_{j=1}^{k} P_{n,j} \tag{2.4}$$

b) Für $k, n \in \mathbb{N}$ mit $n \geq k \geq 2$ gilt

$$P_{n,k} = P_{n-1,k-1} + P_{n-k,k}$$

Beweis **a)** erfolgt durch Indexverschiebung $j \to k - i$.

b) Es gilt mit a)

$$P_{n,k} = \sum_{j=0}^{k} P_{n,j} - \sum_{j=0}^{k-1} P_{n,j} = P_{n+k,k} - P_{n+k-1,k-1}$$

woraus

$$P_{n+k,k} = P_{n+k-1,k-1} + P_{n,k}$$

folgt und daraus folgt mit der Indexverschiebeung $n \to n - k$

$$P_{n,k} = P_{n-1,k-1} + P_{n-k,k}$$

und damit die Behauptung.   □

2.1.3 Zusammenfassung

Die Zerlegung einer natürlichen Zahl n in k Summanden nennt man eine (n,k)-Zahlpartition. Bei geordneten Zahlpartitionen spielt die Reihenfolge der Summanden eine Rolle, bei ungeordneten Zahlpartitionen nicht.

Für $k, n \in \mathbb{N}$ mit $n \geq k$ gibt es

$$Z(n,k) = \binom{n-1}{k-1} = K(n,k)$$

geordnete Zahlpartitionen, bei denen alle Summanden ungleich Null sind. Sind Nullen zugelassen und ist $k, n \in \mathbb{N}_0$, dann gibt es

$$Z(n+k,k) = \binom{n+k-1}{k-1} = \binom{n+k-1}{n} = K^*(k,n)$$

geordnete Zahlpartitionen.

Für $k, n \in \mathbb{N}$ mit $n \geq k$ ergibt sich die Anzahl der ungeordneten Zahlpartitionen durch

$$P_{n+k,k} = \sum_{j=1}^{k} P_{n,j}$$

Als Rekursionsformel ergibt sich

$$P_{n,k} = P_{n-1,k-1} + P_{n-k,k}$$

Dabei ist $P_{0,0} = 1$ und $P_{n,k} = 0$ für $k > n$ sowie $P_{n,0} = P_{n,1} = P_{n,n} = P_{n,n-1} = 1$ für $n \in \mathbb{N}$.

2.2 Mengenpartitionen

Bei einer k-Kombination handelt es sich um *eine* k-elementige Teilmenge
einer Menge M mit n Elementen. Wir wollen nun untersuchen, wie viele
Möglichkeiten es gibt, die Menge M in k disjunkte, nicht leere Teilmengen
zu zerlegen. In diesem Zusammenhang untersuchen wir des Weiteren, wie
viele Abbildungen mit bestimmten Eigenschaften es zwischen zwei endlichen
Mengen gibt.

2.2.1 Stirlingzahlen zweiter Art

Partition

**Stirlingzahlen
zweiter Art**

Definition 2.2 Eine k-*Partition* von $M = [1, n]$ ist eine Auswahl von k
Teilmengen $M_1, \ldots, M_k$ von M mit den Eigenschaften: $M_i \neq \emptyset$ und $M_i \cap$
$M_j = \emptyset$ für $1 \leq i, j \leq n$ mit $i \neq j$, sowie $M = \bigcup_{i=1}^{k} M_i$. Wir wollen mit
$S_{n,k}$ die Anzahl der k-Partitionen bezeichnen, die aus einer n-elementigen
Menge gebildet werden können. Eine andere in der Literatur gebräuchliche
Notation ist $\left\{ {n \atop k} \right\}$. Diese Zahlen heißen auch *Stirlingzahlen zweiter Art*. $\quad\square$

Beispiel 2.1 Es sei $M = [1, 4]$, also $n = 4$, sowie $k = 3$. Die folgende
Übersicht zeigt alle möglichen 3-Partitionen von M:

$$
\begin{aligned}
M &= \{1\} \;\cup\; \{2,3\} \;\cup\; \{4\} & M &= \{1,4\} \;\cup\; \{2\} \;\cup\; \{3\} \\
M &= \{1,2\} \;\cup\; \{3\} \;\cup\; \{4\} & M &= \{1\} \;\cup\; \{2,4\} \;\cup\; \{3\} \\
M &= \{1,3\} \;\cup\; \{2\} \;\cup\; \{4\} & M &= \{1\} \;\cup\; \{2\} \;\cup\; \{3,4\}
\end{aligned}
$$

Es gilt also $S_{4,3} = 6$. $\quad\square$

Wir wollen nun überlegen, wie $S_{n,k}$ bestimmt werden kann. Zunächst betrachten wir drei Spezialfälle:

(1) Für $k > n$ gilt sicherlich $S_{n,k} = 0$, denn eine n-elementige Menge kann
    nicht in mehr als n disjunkte, nicht leere Teilmengen zerlegt werden.

(2) Für $n > 0$ gilt $S_{n,0} = 0$, denn die zu partitionierende Menge ist ja nicht
    leer.

(3) Für $n = 0$ wird $S_{0,0} = 1$ gesetzt.

Satz 2.3 Für $n, k \in \mathbb{N}$ mit $n \geq k \geq 1$ gilt

$$
S_{n,k} = S_{n-1,k-1} + k \cdot S_{n-1,k}
$$

bzw. mit der anderen Notation

$$
\left\{ {n \atop k} \right\} = \left\{ {n-1 \atop k-1} \right\} + k \cdot \left\{ {n-1 \atop k} \right\}
$$

Beweis Wir teilen die k-Partitionen der n-elementigen Menge $M = [\,1, n\,]$ in zwei disjunkte Klassen auf: In der einen Klasse befinden sich alle Partitionen, in denen sich das Element n alleine in einer Menge befindet. Wie viele Partitionen dieser Art gibt es? Wenn n immer alleine in einer Menge festgehalten wird, dann müssen die anderen Elemente $1, \ldots, n-1$ auf die übrigen $k-1$ Teilmengen verteilt werden. Gemäß Definition gibt es genau $S_{n-1,k-1}$ solcher Partitionen. Die zweite Klasse von Partitionen enthält nun alle Partitionen, in denen das Element n nicht alleiniges Element einer Teilmenge ist. Wenn n nicht alleiniges Element sein darf, dann muss es sich in einer der k Teilmengen befinden, auf die die anderen $n-1$ Elemente verteilt sind. Somit gibt es also $k \cdot S_{n-1,k}$ Partitionen in der zweiten Klasse. Da die beiden betrachteten Klassen disjunkt sind, ergibt sich mit der Summenregel die behauptete Formel. $\qquad\square$

Im Beispiel 2.1 bilden die drei Partitionen auf der linken Seite die erste Klasse, die drei auf der rechten Seite die zweite Klasse.

Analog zum Stirlingschen Dreieck erster Art bilden die Stirlingzahlen zweiter Art das *Stirling-Dreieck zweiter Art*:

Stirling-Dreieck zweiter Art

$$
\begin{array}{ccccccccccccc}
 & & & & & & 1 & & & & & & \\
 & & & & & 0 & & 1 & & & & & \\
 & & & & 0 & & 1 & & 1 & & & & \\
 & & & 0 & & 1 & & 3 & & 1 & & & \\
 & & 0 & & 1 & & 7 & & 6 & & 1 & & \\
 & 0 & & 1 & & 15 & & 25 & & 10 & & 1 & \\
0 & & 1 & & 31 & & 90 & & 65 & & 15 & & 1 \\
 & & & & & & \cdots & & & & & &
\end{array}
$$

Übungsaufgaben

2.2 (1) Überlegen Sie, dass $S_{n,1} = 1$ für $n \geq 1$ sowie $S_{n,n} = 1$ für $n \geq 0$ gilt!

(2) Berechnen Sie $S_{5,4}$ und bestimmen Sie alle 4-Partitionen der Menge $M = [\,1, 5\,]$, indem Sie wie im Beweis von Satz 2.3 die beiden Klassen angeben!

(3) Zeigen Sie, dass für $n \geq 1$

$$S_{n,n-1} = \frac{n(n-1)}{2}$$

gilt![5]

---

[5] Damit gilt (siehe Aufgabe (2) von Übung 1.5: $S_{n,n-1} = s_{n,n-1}$.

(4) Zeigen Sie, dass für $n \geq 2$

$$S_{n,2} = 2^{n-1} - 1$$

gilt!   □

Jede Partition $M_1, \ldots, M_k$ einer endlichen Menge M legt eine entsprechende Äquivalenzrelation über M fest, die Mengen M_i $1 \leq i \leq k$, sind genau die Äquivalenklassen dieser Relation. Es folgt unmittelbar

Satz 2.4 Die Anzahl aller möglichen Partitionen, d.h. die Anzahl der Äquivalenzrelationen über einer Menge M mit n Elementen ist gegeben durch

$$B_n = \sum_{k=0}^{n} S_{n,k}$$

Bell-Zahlen   Die Zahlen B_n heißen *Bell-Zahlen*.   □

     ## Übungsaufgaben

2.3 Zeigen Sie, dass die Bell-Zahlen die Rekursion

$$B_0 = 1$$

$$B_{n+1} = \sum_{k=0}^{n} \binom{n}{k} B_k, \ n \geq 0$$

erfüllen!   □

2.2.2 *Anzahl von Abbildungen*

In Folgerung 1.2 haben wir bereits festgestellt, dass die Anzahl der Bijektionen einer endlichen Menge A mit $|A| = m$ auf sich gleich $m!$ ist. Im Folgenden seien A und B endliche Mengen mit $|A| = m$ und $|B| = n$. Wir betrachten in diesem Abschnitt totale Abbildungen $f : A \to B$. Zwischen A und B kann es nur dann bijektive Abbildungen geben, falls $|A| = |B|$, d.h. $m = n$ ist.

Anzahl totaler Abbildungen

Wir wollen jetzt die Anzahl $|\{\, f : A \to B \mid f \text{ total}\,\}|$ der totalen Abbildungen von A nach B bestimmen. Nun, da jedes der m Elemente aus A n Elementen aus B zugeordnet werden kann, folgt, dass

$$|\{\, f : A \to B \mid f \text{ total}\,\}| = n^m = |B|^{|A|} \qquad (2.5)$$

gilt. Wegen dieser Aussage schreibt man anstelle von $\{\, f : A \to B \mid f \text{ total}\,\}$ auch B^A.

Als Spezialfall betrachten wir die Potenzmenge einer endlichen Menge M. Eine Teilmenge $A \subseteq M$ kann beschrieben werden durch ihre *charakteristische Funktion*

Charakteristische Funktion

$$\chi_A : M \to \{\, 0, 1\,\}$$

definiert durch

$$\chi_A(x) = \begin{cases} 1, & x \in A \\ 0, & x \notin A \end{cases}$$

Die Potenzmenge von M, d.h. die Menge aller Teilmengen von M, entspricht somit der Menge aller charakteristischen Funktionen, die auf M definiert werden können. Diese Menge ist mithilfe der gerade eingeführten Notation durch $\{\, 0, 1\,\}^M$ beschrieben. In diesem speziellen Fall schreibt man allerdings 2^M. Aus (2.5) folgt $|2^M| = 2^{|M|}$, was wir bereits im Kapitel 1.3 im Anschluss an Satz 1.8 mithilfe von Binomialkoeffizienten überlegt haben.

Anzahl totaler, injektiver Abbildungen

Jetzt betrachten wir die Menge der injektiven Abbildungen von A nach B. $f : A \to B$ ist injektiv genau dann, wenn f verschiedenen Elementen von A verschiedene Elemente von B zuordnet. Für das erste Element aus A stehen alle n Elemente für die Zuordnung zur Verfügung, für das nächste Element dann nur noch $n - 1$ Elemente usw. Es folgt

$$\begin{aligned} |\{\, f : A \to B \mid f \text{ total, injektiv}\,\}| &= n(n-1)(n-2)\ldots(n-m+1) \\ &= n^{\underline{m}} \\ &= P(n, m) \end{aligned}$$

Anzahl totaler, surjektiver Abbildungen

Nun betrachten wir noch die Menge der surjektven Abbildungen von A nach B. $f : A \to B$ ist surjektiv genau dann, wenn jedes Element von B mindestens ein Urbild hat, d.h. für alle $y \in$ gilt $f^{-1}(y) \neq \emptyset$.

Dazu überlegen wir zunächst, dass jede Abbildung $f : A \to B$ durch die zugehörigen Urbildmengen f^{-1} beschrieben werden kann. Betrachten wir als Beispiel die Funktion $f : \{\, 1, 2, 3, 4, 5, 6 \,\} \to \{\, a, b, c \,\}$ definiert durch $f(1) = f(3) = f(6) = a$, $f(2) = f(4) = b$, $f(5) = d$. Dann ist dies gleichwertig zu

$$f^{-1}(a) = \{\, 1, 3, 6 \,\}$$
$$f^{-1}(b) = \{\, 2, 4 \,\}$$
$$f^{-1}(c) = \emptyset$$
$$f^{-1}(d) = \{\, 5 \,\}$$

Die Urbildmengen sind immer disjunkt, da Funktionen rechtseindeutig sind, d.h. jedem Argument $x \in A$ wird höchstens ein Wert $y \in B$ zugeordnet. Da die Funktionen total sind, ist die Vereinigung der Urbilder gleich der Ausgangsmenge A. Sind die Funktionen zudem surjektiv, dann sind ihre Urbildmengen nicht leer (im Gegensatz zu obigem Beispiel, dort ist f nicht surjektiv, denn c ist kein Bild unter f). Wenn $f : A \to B$ total und surjektiv ist, folgt also, dass die Menge der Urbildmengen von f eine Partition von A bildet. Umgekehrt kann jede $|B|$-Partition von A als Definition einer totalen surjektiven Funktion betrachtet werden (siehe obiges Beispiel).

Sei $f : A \to B$ eine total und surjektiv definierte Funktion. Wenn wir auf der Menge $A/f = \{\, f^{-1}(y) \mid y \in B \,\}$ der Urbildmengen von f die Funktion $F : A/f \to B$ definieren durch $F(C) = y$ genau dann, wenn $f^{-1}(y) = C$ ist, dann ist dies eine bijektive Funktion, denn die Beziehungen zwischen Urbildmengen und zugehörigem Bild sind offensichtlich eineindeutig. Wir wissen, dass es $n!$ viele solcher Bijektionen gibt.

Des Weiteren wissen wir, dass es $S_{m,n}$ viele n-Partitionen der Menge A gibt, und wir haben oben überlegt, dass es $n!$ viele Bijektionen einer solchen Partition auf die Menge B gibt. Damit haben wir gezeigt, dass

$$|\{\, f : A \to B \mid f \text{ total, surjektiv} \,\}| = n! \cdot S_{m,n}$$

gilt.

Aus unseren bisherigen Überlegungen in diesem Abschnitt folgt

Satz 2.5   Es seien A und B zwei endliche Mengen mit $|A| = m$ und $|B| = n$, dann gilt:

a) $|\{\, f : A \to B \mid f \text{ total} \,\}| = n^m$

b) $|\{\, f : A \to B \mid f \text{ total, bijektiv} \,\}| = m!$

c) $|\{\, f : A \to B \mid f \text{ total, injektiv} \,\}| = n^{\underline{m}}$

d) $|\{\, f : A \to B \mid f \text{ total, surjektiv} \,\}| = n! \cdot S_{m,n}$ □

Jede Abbildung $f : A \to B$ hat den Wertebereich $W(f) = \{\, f(x) \mid x \in A \,\} \subseteq B$. Wenn wir die Zielmenge B der Funktion f auf ihren Wertebereich beschränken, ist die Funktion $f : A \to W(f)$ surjektiv. Daraus folgt:[6]

$$n^m = |B^A|$$

$$= \sum_{C \subseteq B} |Surj(A, C)|$$

$$= \sum_{k=0}^{n} \sum_{|C|=k} |Surj(A, C)|$$

$$= \sum_{k=0}^{n} \binom{n}{k} k! \cdot S_{m,k}$$

$$= \sum_{k=0}^{n} S_{m,k} \cdot n^{\underline{k}}$$

Wenn wir jetzt noch beachten, dass $S_{m,k} = 0$ für $k > n$ ist, dann haben wir den folgenden Satz bewiesen, der Potenzen, fallende Faktorielle und Stirlingzahlen zweiter Art in Beziehung setzt.

Satz 2.6 Es gilt

$$n^m = \sum_{k=0}^{m} S_{m,k} \cdot n^{\underline{k}}$$

$\square$

Die Potenzen n^m und damit alle Polynome in n können als Linearkombination der fallenden Faktoriellen $n^{\underline{k}}$ dargestellt werden, wobei die Koeffizienten durch Stirlingzahlen zweiter Art gegeben sind.

Die Definiton der Faktoriellen kann auf natürliche Weise auf negative Zahlen   **Faktorielle**
erweitert werden: Für $n \in \mathbb{N}$ und $k \in \mathbb{N}_0$ gilt

$$(-n)^{\underline{k}} = -n \cdot (-n-1) \cdot \ldots \cdot (-n-k+1)$$
$$(-n)^{\overline{k}} = -n \cdot (-n+1) \cdot \ldots \cdot (-n+k-1)$$

Es folgt unmittelbar

$$n^{\underline{k}} = (-1)^k \cdot (-n)^{\overline{k}} \qquad\qquad (2.6)$$
$$n^{\overline{k}} = (-1)^k \cdot (-n)^{\underline{k}} \qquad\qquad (2.7)$$

Mithilfe dieser Gleichungen können Potenzen auch als Reihen in steigenden Faktoriellen dargestellt werden, die Stirlingzahlen zweiter Art treten dabei allerdings als alternierende Koeffizienten auf.

---

6   Im Folgenden sei für zwei Mengen X und Y: $Surj(X, Y) = \{ f : X \to Y \mid$
     f total, surjektiv $\}$.

Satz 2.7 Es gilt

$$n^m = \sum_{k=0}^{m} S_{m,k} \cdot (-1)^{m-k} \cdot n^{\overline{k}}$$

Beweis Zunächst folgt aus dem obigen Satz und (2.6)

$$n^m = \sum_{k=0}^{m} S_{m,k} \cdot (-1)^{k} \cdot (-n)^{\overline{k}}$$

Ersetzen wir n durch $-n$, wird daraus

$$(-n)^m = \sum_{k=0}^{m} S_{m,k} \cdot (-1)^{k} \cdot n^{\overline{k}}$$

und damit

$$n^m = (-1)^m \cdot (-n)^m$$

$$= (-1)^m \cdot \sum_{k=0}^{m} S_{m,k} \cdot (-1)^{k} \cdot n^{\overline{k}}$$

$$= \sum_{k=0}^{m} S_{m,k} \cdot (-1)^{-m+k} \cdot n^{\overline{k}}$$

$$= \sum_{k=0}^{m} S_{m,k} \cdot (-1)^{-(m-k)} \cdot n^{\overline{k}}$$

$$= \sum_{k=0}^{m} S_{m,k} \cdot (-1)^{m-k} \cdot n^{\overline{k}}$$

womit die Behauptung gezeigt ist. $\square$

Umgekehrt können die fallenden Faktoriellen $n^{\underline{m}}$ durch Linearkombinationen von Potenzen n^k dargestellt werden, wobei die Koeffizienten durch Stirlingzahlen erster Art mit alternierenden Vorzeichen gegeben sind.

Satz 2.8 Es gilt

$$n^{\underline{m}} = \sum_{k=0}^{m} (-1)^{m-k} s_{m,k} \cdot n^k$$

Beweis Wir beweisen die Behauptung mit vollständiger Induktion über m. Für $m = 0$ stimmt die Gleichung offensichtlich. Wir zeigen noch den

Induktionsschritt, bei dem wir Satz 1.3 verwenden und dass $s_{m,k} = 0$ für $k < 0$ gilt:

$$n^{\underline{m+1}} = n^{\underline{m}}(n - (m+1) + 1) = n^{\underline{m}}(n - m)$$

$$= \sum_{k=0}^{m}(-1)^{m-k}s_{m,k} \cdot n^{k+1} + \sum_{k=0}^{m}(-1)^{m-k+1} \cdot m \cdot s_{m,k} \cdot n^{k}$$

$$= \sum_{k=0}^{m+1}(-1)^{m+1-k}\left(s_{m,k-1} + m \cdot s_{m,k}\right) \cdot n^{k}$$

$$= \sum_{k=0}^{m+1}(-1)^{m+1-k}s_{m+1,k} \cdot n^{k}$$

$$\square$$

Die steigenden Faktoriellen $n^{\overline{m}}$ können ebenfalls als Potenzreihe in n^{k} dargestellt werden.

Satz 2.9 Es gilt

$$n^{\overline{m}} = \sum_{k=0}^{m} s_{m,k} \cdot n^{k}$$

Beweis Mit Satz 2.8 und Gleichung (2.7) gilt

$$\sum_{k=0}^{m} s_{m,k} \cdot n^{k} = \sum_{k=0}^{m} s_{m,k} \cdot (-1)^{m} \cdot (-1)^{-m} \cdot (-1)^{k} \cdot (-n)^{k}$$

$$= (-1)^{m} \cdot \sum_{k=0}^{m} s_{m,k} \cdot (-1)^{-(m-k)} \cdot (-n)^{k}$$

$$= (-1)^{m} \cdot \sum_{k=0}^{m} s_{m,k} \cdot (-1)^{m-k} \cdot (-n)^{k}$$

$$= (-1)^{m} \cdot (-n)^{\underline{m}}$$

$$= n^{\overline{m}}$$

2.2.3 Zusammenfassung

Eine k-Partition einer n-elementigen Menge ist eine vollständige Zerlegung dieser Menge in k disjunkte, nicht leere Teilmengen. Die Anzahlen der k-Partitionen von n-elementigen Mengen sind durch die Stirlingzahlen zweiter Art festgelegt:

$$S_{0,0} = 1$$
$$S_{n,k} = S_{n-1,k} + k \cdot S_{n-1,k}$$

Diese Rekursion lässt sich als Stirling-Dreieck zweiter Art veranschaulichen. Die Bell-Zahlen $B_n = \sum_{k=1}^{n} S_{n,k}$ geben die Anzahl der möglichen Äquivalenrelationen an, die über einer n-elementigen Menge gebildet werden können.

Satz 2.5 gibt die Anzahl von Abbildungen zwischen zwei endlichen Mengen mit bestimmten Eigenschaften an.

Potenzen können als Linearkombinationen von fallenden Faktoriellen dargestellt werden, wobei die Koeffizienten Stirlingzahlen zweiter Art sind. Analog können fallende Faktorielle als Linearkombinationen von Potenzen dargestellt werden, wobei die Koeffizienten Stirlingzahlen erster Art mit alternierendem Vorzeichen sind, und die steigenden Faktoriellen können als Linearkombinationen von Potenzen dargestellt werden, wobei die Koeffizienten Stirlingzahlen erster Art sind.

2.3 Catalanzahlen

Wir betrachten Zeichenketten w über einem zweibuchstabigen Alphabet, im Allgemeinen $\{a, b\}$, und wollen diese *ausgewogen* nennen, falls für jeden Präfix v von w gilt, dass die Anzahl der a's in v größer gleich der Anzahl b's in v und die Gesamtanzahl von a's und b's in w gleich ist. Ein Beispiel für solche Zeichenketten sind arithmetische Ausdrücke, in denen Klammern vorkommen. In diesen Ausdrücken ist von links nach rechts gelesen die Anzahl der öffnenden Klammern immer größer gleich der Anzahl der schließenden Klammern, und im Gesamtausdruck ist die Anzahl der öffnenden Klammern gleich der Anzahl der schließenden Klammern. Offensichtlich haben alle ausgewogenen Wörter über $\{a, b\}$ eine gerade Anzahl von Buchstaben.

Wir können die Ausgewogenheit auch arithmetisch wie folgt beschreiben: Eine Folge $x = \langle x_1, \ldots, x_{2n} \rangle$, $x_i \in \{-1, +1\}$, $1 \leq i \leq 2n$, $n \geq 0$, heißt ausgewogen genau dann, wenn

$$\sum_{i=1}^{k} x_i \geq 0 \text{ für } 1 \leq k \leq 2n \text{ und } \sum_{i=1}^{2n} x_i = 0 \qquad (2.8)$$

ist.

Wir bezeichnen im Folgenden für $n \in \mathbb{N}_0$ mit C_n die Anzahl der möglichen ausgewogenen Zeichenketten der Länge $2n$. Diese Zahlen heißen *Catalan-zahlen*.[7] Die leere Zeichenkette $x = \langle \, \rangle$ ist ausgewogen – es ist $n = 0$ –, denn sie erfüllt die Bedingungen (2.8), es gilt also $C_0 = 1$.

Catalanzahlen

 Übungsaufgaben

2.4 Bestimmen Sie C_1, C_2 und C_3, indem Sie alle möglichen ausgewogenen Klammerstrukturen der Längen 2, 4 und 6 angeben!

Es gilt:

$C_1 = 1:$ ()

$C_2 = 2:$ ()(), (())

$C_3 = 5:$ ()()(), (())(), ()(()), (()()), ((()))

Der folgende Satz gibt eine Rekursionsformel zur Berechnung der Catalan-zahlen an.

Satz 2.10 Es gilt $C_0 = 1$ sowie für $n \in \mathbb{N}$

$$C_n = \sum_{k=1}^{n} C_{k-1} C_{n-k}$$

Beweis Wir teilen eine ausgewogene Zeichenkette x mit n öffnenden Klammern in zwei Teile auf. Der erste Teil hat die Länge $2k$ und die erste öffnende Klammer wird an der Stelle $2k$ geschlossen:

$$\underbrace{(\, x \ldots x \,)}_{2k} y \ldots y$$

---

7 Benannt nach dem belgischen Mathematiker Eugène Charles Catalan (1814 - 1894), der sich unter anderem mit kombinatorischen und zahlentheoretischen Problemen beschäftigte.

Der x-Teil ist ausgewogen und enthält $k-1$ Klammerpaare, und der y-Teil ist ausgewogen und enthält $n-k$ Klammerpaare. Die Menge X_k enthalte für $k \in \{1, \dots, n\}$ alle Zeichenketten dieser Art. Es gilt zum einen $|X_k| = C_{k-1}C_{n-k}$ und zum anderen, dass die Mengen X_k, $1 \le k \le n$, eine Partition der Menge aller ausgewogenen Zeichenketten mit $2n$ Klammerpaaren ist. Es folgt

$$C_n = \left| \bigcup_{k=1}^{n} X_k \right| = \sum_{k=1}^{n} |X_k| = \sum_{k=1}^{n} C_{k-1}C_{n-k}$$

und damit die Behauptung. $\qquad\qquad\qquad\qquad\qquad\qquad\qquad\qquad\qquad\qquad\qquad\qquad\square$

Im Kapitel 4 werden wir mithilfe von erzeugenden Funktionen zeigen, dass

$$C_n = \frac{1}{n+1}\binom{2n}{n} = \frac{(2n)!}{n! \cdot (n+1)!} \qquad\qquad (2.9)$$

gilt.

 ### Übungsaufgaben

2.5 Zeigen Sie, dass $C_n = \binom{2n}{n} - \binom{2n}{n+1}$ gilt! $\qquad\qquad\qquad\qquad\square$

Wir rechnen:

$$C_n = \frac{1}{n+1}\binom{2n}{n} = \frac{n}{n+1}\binom{2n}{n} + \frac{1}{n+1}\binom{2n}{n} - \frac{n}{n+1}\binom{2n}{n}$$

$$= \binom{2n}{n} - \frac{n \cdot (2n)!}{n! \cdot (n+1)!} = \binom{2n}{n} - \frac{(2n)!}{(n-1)! \cdot (n+1)!}$$

$$= \binom{2n}{n} - \binom{2n}{n+1}$$

3 Abzählmethoden und das Urnenmodell

Wir haben bereits im ersten Kapitel bei der Bestimmung der Anzahl von Permutationen und Kombinationen mit und ohne Wiederholung bestimmte Grundannahmen gemacht. So sind wir z.B. davon ausgegangen, dass endliche Mengen, deren Elemente man eineindeutig einander zuordnen kann, die gleiche Anzahl von Elementen besitzen, und dass die Gesamtzahl der Verinigung von disjunkten endlichen Mengen gleich der Summe der Elementanzahlen dieser Mengen ist. In diesem Kapitel werden die grundlegenden Abzählmethoden dargestellt. Des Weiteren wird das Urnenmodell vorgestellt, welches der Veranschaulichung von Auswahl- und Abzählmethoden gilt.

Nach dem Durcharbeiten dieses Kapitels sollten Sie   **Lernziele**

- elementare Abzählmethoden erklären und auf einfache Problemstellungen anwenden können,

- die Stirlingzahlen zweiter Art und Beispiele für deren Verwendung erklären können,

- erklären können, wie die Anzahl totaler, injektiver, surjektiver und bijektiver Abbildungen zwischen endlichen Mengen bestimmt werden können,

- die behandelten Auswahl- und Abzählmethoden mithilfe des Urnenmodells erläutern können.

3.1 Elementare Abzählmethoden

Wir betrachten im Folgenden grundlegende Abzählmethoden, einige davon haben wir bei den Überlegungen in den obigen Abschnitten bereits angewendet. Sie bilden die Grundannahmen (Axiome) für kombinatorische Überlegungen.

3.1.1 Summenregel

Sei M eine endliche Menge. Bilden die Teilmengen $M_i \subseteq M$, $1 \le i \le k$,   **Summen-**
eine Partition von M, d.h. es ist $M_r \cap M_s = \emptyset$ für $r \ne s$ und $\bigcup_{i=1}^{k} M_i = M$,   **regel**
dann gilt

$$|M| = \sum_{i=1}^{k} |M_i| \qquad (3.1)$$

Aus k disjunkten endlichen Mengen M_i mit m_i Elementen kann man $\sum_{i=1}^{k} m_i$ Elemente aus $M = \cup_{i=1}^{k} M_i$ auswählen.

Übungsaufgaben

3.1 Überlegen Sie sich Beispiele für die Anwendung der Summenregel! □

Beispiel 3.1 a) Wenn beim Weinhändler 50 Flaschen Weißwein, 30 Flaschen Roséwein und 120 Flaschen Rotwein im Regal liegen, hat man $50 + 30 + 120 = 200$ Möglichkeiten eine Flasche Wein zu wählen.

b) Wie groß ist die Anzahl 3-elementiger Teilmengen der Menge $A = [1, 10]$, die die 1 oder die 2 enthalten, aber nicht beide? Jede 3-elementige Teilmenge, welche die 1, aber nicht die 2 enthält, setzt sich zusammen aus der 1 und einer 2-elementigen Teilmenge aus $A - \{1, 2\}$. Gemäß Satz 1.6 gibt es $\binom{8}{2}$ solcher Teilmengen. Analog gibt es ebenfalls $\binom{8}{2}$ 3-elementige Teilmengen, welche die 2 und nicht die 1 enthalten. Es gibt also insgesamt $\binom{8}{2} + \binom{8}{2} = 56$ Teilmengen mit der geforderten Eigenschaft.   □

3.1.2 Gleichheitsregel

Gleichheitsregel Es seien M und N zwei Mengen. Dann gilt $|M| = |N|$ genau dann, wenn es eine bijektive. d.h. totale, injektive und surjektive Abbildung $f : M \to N$ gibt. Umgekehrt gilt: Ist $|M| = |N|$, dann gibt es eine Bijektion von M nach N. Aus Folgerung 1.2 wissen wir, dass es, wenn $|M| = m$ gilt, genau $m!$ viele Möglichkeiten dafür gibt.

3.1.3 Produktregel

Produktregel Es seien M_i, $1 \le i \le k$, endliche Mengen und $M = \times_{i=1}^{k} M_i$ das kartesische Produkt dieser Mengen, dann gilt

$$|M| = \prod_{i=1}^{k} |M_i| \tag{3.2}$$

Bei zwei endlichen Mengen M und N mit m bzw. mit n Elementen hat man $m \cdot n$ Möglichkeiten ein Element aus M *und* ein Element aus N auszuwählen.

Übungsaufgaben

3.2 Überlegen Sie sich Beispiele für die Anwendung der Produktregel! □

Beispiel 3.2 **a)** Wie viele vierstellige Zahlen $z = z_1 z_2 z_3 z_4$ gibt es, deren i-te Ziffer durch i teilbar ist? Alle 10 Ziffern sind durch 1 teilbar, die geraden Ziffern sind durch 2 teilbar, die Ziffern $0, 3, 6, 9$ sind durch 3 teilbar, und die Ziffern $0, 4, 8$ sind durch 4 teilbar. Es gibt also insgesamt $10 \cdot 5 \cdot 4 \cdot 3 = 600$ Zahlen mit der gewünschten Eigenschaft.

b) Die Produktregel findet auch Anwendung bei der Bestimmung der Laufzeitkomplexität von geschachtelten Schleifen.

```
x := 0
for i := 1 to l
      for j := 1 to m
            for k := 1 to n
                  x := x + 1
            endfor
      endfor
endfor
```

Die Anweisung $x := x + 1$ wird insgesamt $l \cdot m \cdot n$ ausgeführt, d.h. nach Ausführung der Schleifen ist $x = l \cdot m \cdot n$. □

3.1.4 Doppeltes Abzählen

Es seien M und N zwei endliche Mengen sowie $R \subseteq M \times N$ eine Relation. Die Elemente von R können wie folgt abgezählt werden: Zum einen zählt man für jedes $a \in M$ die Anzahl der Paare $(a, y) \in R$ für alle $y \in N$ und addiert diese Anzahlen auf. Zum anderen zählt man für jedes $b \in N$ die Anzahl der Paare $(x, b) \in R$ für alle $x \in M$ und addiert diese Anzahlen auf. In beiden Fällen muss dieselbe Summe herauskommen:

$$\sum_{a \in M} |\{\, y \in N \mid (a, y) \in R \,\}| = \sum_{b \in N} |\{\, x \in M \mid (x, b) \in R \,\}| \qquad (3.3)$$

Ist $M = [1, m]$ und $N = [1, n]$, dann kann man R auch als boolesche Matrix (b_{ij}) mit $1 \le i \le m$ Zeilen und $1 \le j \le n$ Spalten darstellen:

$$b_{ij} = \begin{cases} 1 & \text{falls } (i, j) \in R \\ 0 & \text{falls } (i, j) \notin R \end{cases}$$

Die Anzahl der Einsen in dieser Matrix ist gleich der Anzahl der Elemente in R. Die erste Summe in (3.3) zählt die Elemente zeilenweise und die zweite Summe zählt diese spaltenweise ab.

3.1.5 Das Schubfachprinzip

Schubfach-
prinzip

Gilt $|M| = |N| = m$, dann kann man die Elemente der beiden Mengen eineindeutig zuordnen (siehe Gleichheitsregel).

Ist $|M| > |N|$ und soll allen Elementen von M ein Element von N zugeordnet werden, dann wird mindestens einem Element von N mindestens zwei Elemente von M zugeordnet. Dieses Prinzip heißt *Schubfachprinzip*.

 Übungsaufgaben

3.3 Versuchen Sie, dieses Prinzip mathematisch zu formulieren!   □

Der folgende Satz ist eine mögliche Formulierung.

Satz 3.1 Es seien M und N endliche Mengen mit $|M| > |N|$ sowie $f : M \to N$ eine totale Abbildung, dann gibt es mindestens ein $y \in N$ mit $|f^{-1}(y)| \geq 2$.   □

Folgerung 3.1 Es seien M und N endliche Mengen und $f : M \to N$ eine Abbildung mit $|Def(f)| > |W(f)|$, dann gibt es mindestens ein $y \in N$ mit $|f^{-1}(y)| \geq 2$.   □

 Übungsaufgaben

3.4 Überlegen Sie sich Beispiele für das Schubfachprinzip!   □

Beispiel 3.3 **a)** Von dreizehn Personen haben mindestens zwei im selben Monat Geburtstag.

b) Die Relation „kennen" sei eine symmetrische Relation. Dann gilt folgende Behauptung: In jeder Menge P von $n \geq 2$ Personen gibt es immer zwei, welche die gleiche Anzahl von Personen kennen. Für den Beweis setzen wir $P = \{ p_1, p_2, \ldots, p_n \}$, und wir verwenden die totale Abbildung $f : P \to \{ 0, 1, \ldots, n - 1 \}$ definiert durch $f(p) =$ Anzahl der Personen, die p kennt. Wenn wir nun für zwei Personen $p, q \in P$, $p \neq q$, $f(p) = f(q)$ zeigen können, haben wir die Behauptung gezeigt. Ist $f(p) = f(q) = i$, dann gilt $p, q \in f^{-1}(i)$ und damit, da $p \neq q$ ist, $|f^{-1}(i)| \geq 2$ (siehe Satz 3.1).

Wir betrachten zwei disjunkte Fälle:

(1) Gibt es eine Person $p \in P$, die keine andere kennt, d.h. es ist $f(p) = 0$, dann kann es, da „kennen" nach Voraussetzung eine symmetrische Relation ist, keine Person $q \in P$ geben, die alle anderen kennt, d.h. dann gilt $f(q) \neq n - 1$ für alle $q \in P$. Das bedeutet aber, dass $f(P) \subseteq \{0, 1, \ldots, n - 2\}$ gelten muss.

(2) Ist $f(p) \geq 1$ für alle $p \in P$, kennt also jede Person mindestens eine andere, dann muss $f(P) \subseteq \{1, 2, \ldots, n - 1\}$ gelten.

In beiden Fällen gilt also $|P| > |f(P)|$ und damit $|Def(f)| > |W(f)|$, woraus mit dem Schubfachprinzip (siehe Folgerung 3.1) die Behauptung folgt. $\square$

3.1.6 Das Prinzip der Inklusion und Exklusion

Bei der Summenregel wird vorausgesetzt, dass die zu vereinigenden Mengen disjunkt sind. Diese Voraussetzung wollen wir jetzt fallen lassen. Es ist offensichtlich, dass dann für zwei endliche Mengen A und B

$$|A \cup B| = |A| + |B| - |A \cap B|$$

gilt. Die gemeinsamen Elemente können natürlich nur einmal gezählt werden.

Übungsaufgaben

3.5 Überlegen Sie sich eine Summenformel für drei endliche Mengen A, B und C, die nicht disjunkt sein müssen! $\square$

Nun, man addiert zunächst wieder die Anzahlen der beteiligten Mengen und zieht dann davon die Anzahl der gemeinsamen Elemente der drei möglichen Paare von Mengen ab. Die Elemente im gemeinsamen Durchschnitt der drei Mengen werden dabei zunächst dreimal gezählt und dann dreimal abgezogen. Also muss genau die Anzahl dieser Elemente wieder hinzuaddiert werden. Die korrekte Summenformel ist also

$$|A \cup B \cup C| = |A| + |B| + |C| - |A \cap B| - |A \cap C| - |B \cap C| + |A \cap B \cap C|$$

Übungsaufgaben

3.6 Überprüfen Sie diese Formel an selbst gewählten Beispielen! $\square$

Siebformel Für die Verallgemeinerung auf n endliche Mengen $A_1, \ldots, A_n$ lässt sich (z.B. durch vollständige Induktion) zeigen:

$$\left| \bigcup_{i=1}^{n} A_i \right| = \sum_{k=1}^{n} (-1)^{k-1} \sum_{1 < i_1 < \ldots < i_k < n} \left| \bigcap_{j=1}^{k} A_{i_j} \right|$$

Diese Formel heißt *Siebformel*.

Beispiel 3.4 Wie viele durch 2 oder 3 oder 5 teilbare natürliche Zahlen kleiner gleich 100 gibt es? Wir bezeichnen mit A_k die Menge der Zahlen kleiner gleich 100, die von k geteilt werden.

Wir suchen also $|A_2 \cup A_3 \cup A_5|$. Die Mengen A_2, A_3 und A_5 sind nicht disjunkt. Gemäß der Siebformel gilt:

$$|A_2 \cup A_3 \cup A_5| = |A_2| + |A_3| + |A_5| - |A_2 \cap A_3| - |A_2 \cap A_5| - |A_3 \cap A_5| + |A_2 \cap A_3 \cap A_5|$$

Des Weiteren gilt $A_2 \cap A_3 = A_6$, $A_2 \cap A_5 = A_{10}$, $A_3 \cap A_5 = A_{15}$ sowie $A_2 \cap A_3 \cap A_5 = A_{30}$, und da genau jede k-te Zahl durch k teilbar ist, gilt $|A_k| = \lfloor \frac{100}{k} \rfloor$. Mit diesen Überlegungen folgt

$$
\begin{aligned}
|A_2 \cup A_3 \cup A_5| &= |A_2| + |A_3| + |A_5| - |A_6| - |A_{10}| - |A_{15}| + |A_{30}| \\
&= 50 + 33 + 20 - 16 - 10 - 6 + 3 \\
&= 74
\end{aligned}
$$

Die gesuchte Anzahl ist also 74. □

 ## Übungsaufgaben

3.7 Es sei S die Menge aller Studierenden, die sich überhaupt zu Prüfungen angemeldet haben. D sei die Menge der Studierenden aus S, die sich für Diskrete Mathematik angemeldet haben, A die Menge der Prüflinge für Algebra und T die Menge der Prüflinge für Theoretische Informatik. Es sei weiterhin:

$$
\begin{aligned}
|D| &= 60 & |D \cap A| &= 40 \\
|A| &= 50 & |D \cap T| &= 30 \\
|T| &= 40 & |A \cap T| &= 20 \\
& & |D \cap A \cap T| &= 10
\end{aligned}
$$

(1) Wie viele Studierende schreiben mindestens eine Klausur mit?

(2) Wie viele Studierende schreiben genau welche zwei Klausuren mit?

(3) Wie viele Studierende schreiben genau eine Klausur mit?[8] □

---

8 Diese Aufgabe ist einem Beispiel in Hower (2010) angelehnt.

Mithilfe der Siebformel lassen sich auch die sogenannten *Derangement-*   **Derangement-**
Zahlen D_n der Menge $N = [1, n]$ bestimmen: D_n ist die Anzahl der fix-   **Zahlen**
punktfreien bijektiven Abbildungen, d.h. der fixpunktfreien Permutationen
$f : N \to N$. f heißt *fixpunktfrei* falls $f(i) \neq i$ für alle $i \in N$ gilt. Es sei d_n
die Anzahl der Bijektionen, die mindestens einen Fixpunkt besitzen, dann
ist $D_n = n! - d_n$. Sei nun A_i die Menge der Bijektionen $f : N \to N$ mit
$f(i) = i$, dann gilt

$$d_n = \left| \bigcup_{i=1}^{n} A_i \right|$$

Mithilfe der Siebformel ergibt sich

$$d_n = \sum_{k=1}^{n} (-1)^{k-1} \sum_{1 < i_1 < \ldots < i_k < n} \left| \bigcap_{j=1}^{k} A_{i_j} \right|$$

In der Menge $\bigcap_{j=1}^{k} A_{i_j}$ sind alle Bijektionen $f : N \to N$ enthalten, für die
$f(i_j) = i_j$ für alle $j \in \{1, 2, \ldots, k\}$ gilt. Die Elemente $i \in N - \{i_1, \ldots, i_k\}$
können beliebig abgebildet werden. In $\bigcap_{j=1}^{k} A_{i_j}$ sind also genauso viele Permutationen enthalten, wie es Permutationen der Menge $N - \{i_1, \ldots, i_k\}$
gibt. Das sind $(n - k)!$ viele. Damit gilt also

$$d_n = \sum_{k=1}^{n} (-1)^{k-1} \binom{n}{k} (n-k)! = \sum_{k=1}^{n} (-1)^{k-1} \frac{n!}{k!}$$

und damit

$$D_n = n! - \sum_{k=1}^{n} (-1)^{k-1} \frac{n!}{k!} = n! \sum_{k=0}^{n} \frac{(-1)^k}{k!} = \sum_{k=0}^{n} (-1)^k \, n^{\underline{n-k}}$$

3.1.7 Zusammenfassung

Prinzipien für kombinatorische Überlegungen basieren auf elementaren
Abzählmethoden wie die Summen-, Produkt- und Gleichheitsregel,
das Doppelte Abzählen, das Schubfachprinzip sowie das Prinzip der
Inklusion und Exklusion.

Ein Derangement der Menge $M = [1, n]$ ist eine fixpunktfreie
Permutation von N. Die Anzahl solcher Permutationen ist die
Derangement-Zahl

$$D_n = n! \sum_{k=0}^{n} \frac{(-1)^k}{k!}$$

3.2   Das Urnenmodell

Die bisher betrachteten Auswahl- und Zählprobleme lassen sich mithilfe des Urnenmodells veranschaulichen: Man hat eine Gesamtheit von n Objekten, z.B. Lotto-Kugeln, Spielkarten, Buchstaben zum Bilden von Wörtern, Ziffern zum Bilden von Zahlen. Aus dieser Menge (wie bisher allgemein als $M = [\,1, n\,]$ angenommen) werden sukzessive Elemente entnommen und auf k Urnen verteilt. Wir denken uns die Urnen mit $1, \ldots, k$ nummeriert und fassen diese Nummern in der Menge $U = [\,1, k\,]$ zusammen. Beim Auswählen und Zuteilen spielt es eine Rolle, ob die auszuwählenden Elemente oder ob die Urnen unterscheidbar sind. Des Weiteren ist von Bedeutung, ob jede Urne mindestens ein, genau ein oder höchstens ein Element zugeordnet bekommt. Wir betrachten im Folgenden die sich durch entsprechende Auswahl dieser Zuordnungsmöglichkleiten ergebenden Fälle. Tabelle 3.1 gibt einen Überblick über die Ergebnisse.

Auszuwählende Elemente und Urnen unterscheidbar

Diese Fälle können wir durch totale Funktionen $f : U \to M$ beschreiben: $f(i) = j$ bedeutet, dass das Element $j \in M$ in die Urne i gelegt wird. Machen wir keine Einschränkungen für diese Zuordnungen, dann gibt es davon n^k viele, denn es können jedem der k Urnen alle n Elemente aus M zugeordnet werden. Mit der Produktregel ergibt sich, dass es $\prod_{i=1}^{k} n = n^k$ Möglichkeiten gibt. Das entspricht der Anzahl $P^*(n, k)$ der k-Permutationen der Menge $M = [\,1, n\,]$ mit Wiederholung.

Wenn wir fordern, dass Elemente aus M höchstens einmal in eine der Urnen gelegt werden dürfen, bedeutet das, dass die Abbildung $f : U \to M$ injektiv ist: für $i \neq j$ ist $f(i) \neq f(j)$; wir ziehen also geordnet Elemente aus M ohne Zurücklegen. Dazu muss $n \geq k$ sein, sonst kann f nicht total sein. Wir wissen, dass es $n^{\underline{k}}$ injektive Abbildungen von U nach M gibt, das entspricht der Anzahl $P(n, k)$ der k-Permutationen der Menge $M = [\,1, n\,]$ ohne Wiederholung.

Wenn alle Elemente von M auf die Urnen verteilt werden sollen, muss $k \geq n$ sein, damit alle Urnen mindestens ein Element enthalten. Das bedeutet, dass f surjektiv und total ist. Wir wissen, dass es $n! \cdot S_{k,n}$ totale surjektive Abbildungen von U nach M gibt.

Wenn jedes Element von M in genau eine Urne gelegt werden und jede Urne ein Element aus M enthalten soll, dann muss $k = n$ und f bijektiv sein. Wir wissen, dass es in diesem Fall $k! = n!$ viele Zuordnungen gibt.

Auszuwählende Elemente nicht unterscheidbar, Urnen unterscheidbar

Die nicht unterscheidbaren Elemente von M notieren wir mit „x" und die Aufteilung in k unterscheidbare Urnen durch $k-1$ Striche „$|$". Falls es keine Einschränkungen bei der Zuordnung gibt, entspricht das dem ungeordneten Ziehen mit Zurücklegen; es gibt also $K^*(n,k) = \binom{n+k-1}{k}$ Möglichkeiten.

Soll keine Urne mehr als ein Element enthalten, entspricht das dem ungeordneten Ziehen von k Elementen aus M ohne Wiederholung. Dafür gibt es $K(n,k) = \binom{n}{k}$ Möglichkeiten. Wenn jede Urne mindestens ein Element (ein „x") und alle Elemente von M verteilt werden sollen, dann entspricht eine Verteilung einer geordneten k-Partition der Zahl n. Davon gibt es $Z(n,k) = \binom{n-1}{k-1}$ viele. Wenn alle Urnen genau ein Element enthalten sollen und alle Elemente verteilt werden sollen, dann gibt es genau eine Möglichkeit dafür (vorausgesetzt es ist $n = k$, sonst gibt es keine Möglichkeit).

Auszuwählende Elemente unterscheidbar, Urnen nicht unterscheidbar

Wenn die n Elemente von M auf i, $1 \le i \le k$, Urnen aufgeteilt werden, entspricht das einer i-Partition von M, davon gibt es $S_{n,i}$ viele. Insgesamt gibt es also $\sum_{i=1}^{k} S_{n,i}$ viele Möglichkeiten der Aufteilung.

Wenn jede Urne höchstens ein Element enthalten darf, gibt es genau eine Möglichkeit, wenn $n \ge k$ ist, sonst gibt es keine Möglichkeit. Wenn jede der k Urnen mindestens ein Element enthalten soll und alle n Elemente von M verteilt werden sollen, dann entspricht das jeweils einer k-Partition von M. Davon gibt es $S_{n,k}$ viele. Wenn alle Urnen genau ein Element enthalten sollen und alle Elemente verteilt werden sollen, dann gibt es genau eine Möglichkeit dafür (vorausgesetzt es ist $n = k$, sonst gibt es keine Möglichkeit).

Auszuwählende Elemente nicht unterscheidbar, Urnen nicht unterscheidbar

In diesem Fall repräsentieren wir wieder die n ununterscheidbaren Elemente von M durch „x" und die Aufteilung in k unterscheidbare Urnen durch $k - 1$ Striche „$|$". Einer Verteilung der Elemente auf i, $1 \le i \le k$, Urnen entspricht einer ungeordneten i-Partition der Zahl n (da die Urnen nicht unterscheidbar sind), davon gibt es $P_{n,i}$ viele. Insgesamt gibt also $\sum_{i=1}^{k} P_{n,i}$ viele Möglichkeiten der Aufteilung.

Auch die weiteren Fälle sind analog zu den entsprechenden Fällen bei unterscheidbaren Elementen und nicht unterscheidbaren Urnen.

$|M| = n,\ |U| = k$	beliebig	injektiv	surjektiv	bijektiv
M, U unterscheidbar	$P^*(n,k) = n^k$	$P(n,k) = n^{\underline{k}},\ n \geq k$ $0,\ n < k$	$n! \cdot S_{k,n},\ k \geq n$ $0,\ k < n$	$n!,\ k = n$ $0,\ k \neq n$
M nicht unterscheidbar U unterscheidbar	$K^*(n,k) = \binom{n+k-1}{k}$	$K(n,k) = \binom{n}{k}$	$Z(n,k) = \binom{n-1}{k-1}$	$1,\ k = n$ $0,\ k \neq n$
M unterscheidbar U nicht unterscheidbar	$\sum_{i=1}^{k} S_{n,i}$	$1,\ n \geq k$ $0,\ n < k$	$S_{n,k}$	$1,\ k = n$ $0,\ k \neq n$
M nicht unterscheidbar U nicht unterscheidbar	$\sum_{i=1}^{k} P_{n,i}$	$1,\ n \geq k$ $0,\ n < k$	$P_{n,k}$	$1,\ k = n$ $0,\ k \neq n$

Tabelle 3.1   Übersicht über Auswahl- und Zählprobleme

4   Erzeugende Funktionen

Aus Gleichung (1.24) wissen wir, dass sich die Funktion $(1+z)^n$ als Polynom darstellen lässt:

$$(1 + z)^n = \sum_{k=0}^{n} \binom{n}{k} z^k \qquad (4.1)$$

Der Koeffizient von z^k ist dabei $K(n,k) = \binom{n}{k}$, die Anzahl der k-Kombinationen einer n-elementigen Menge. Die Polynomdarstellung (4.1) der Funktion $f(z) = (1+z)^n$ enthält also eine kombinatorische Information: Wir können diese Funktion als eine erzeugende Funktion für die Zahlen $K(n,k)$ betrachten. Dieses Kapitel gibt eine Einführung in erzeugende Funktionen.

Nach dem Durcharbeiten sollten Sie   **Lernziele**

- erklären können, wie man mithilfe erzeugender Funktionen Kombinationen und Permutationen ohne und mit Wiederholung darstellen kann,

- wissen, wie mithilfe erzeugender Funktionen die Anzahl von Kombinationen bzw. die Anzahl von Permutationen bestimmt werden kann, wenn für die Häufigkeit des Vorkommens der zu ziehenden Elemente bestimmte Vorgaben gemacht werden,

- erzeugende Funktionen für einige hinsichtlich von Anwendungen interessante Folgen angeben und herleiten können.

4.1   Definitionen und grundlegende Eigenschaften

Definition 4.1   Sei $A = \langle a_n \rangle_{n \geq s} = \langle a_s, a_{s+1}, a_{s+2}, \dots \rangle$ für $s \in \mathbb{N}_0$ eine   **Formale**
Folge von komplexen Zahlen, dann heißt   **Potenzreihe**

$$A(z) = \sum_{n=s}^{\infty} a_n z^n = \sum_{n \geq s} a_n z^n \qquad (4.2)$$

Erzeugende Funktion

die *formale Potenzreihe* der Folge A. Eine Funktion $f : \mathbb{C} \to \mathbb{C}$ mit der Reihendarstellung $A(z)$ heißt *erzeugende Funktion* dieser Folge.   □

Für die folgenden Betrachtungen verallgemeinern wir den Binomialkoeffizienten auf komplexe Zahlen $c \in \mathbb{C}$:

$$\binom{c}{0} = 1$$

$$\binom{c}{n} = \frac{c^{\underline{n}}}{n!} = \frac{c \cdot (c-1) \cdot \ldots \cdot (c-n+1)}{n!} \text{ für } n \in \mathbb{N}$$

$$(4.3)$$

Beispiel 4.1 Wir greifen das einleitende Beispiel auf und stellen fest, dass die Funktion

$$f(z) = (1 + z)^c$$

eine erzeugende Funktion für die Folge der verallgemeinerten Binomialkoeffizienten $\left\langle \binom{c}{n} \right\rangle_{n \geq 0}$ ist, denn es gilt

$$(1 + z)^c = \sum_{n \geq 0} \binom{c}{n} z^n \tag{4.4}$$

Taylor-Entwicklung Dies können wir mithilfe der aus der Analysis bekannten *Talyor-Entwicklung* herleiten: Falls eine Funktion $F : \mathbb{C} \to \mathbb{C}$ an der Stelle $z = 0$ beliebig oft differenzierbar ist, dann gilt (in einer Umgebung der 0)

$$F(z) = \sum_{n \geq 0} \frac{F^{(n)}(0)}{n!} z^n \tag{4.5}$$

wobei $F^{(n)}(0)$ der Wert der n-ten Ableitung von F an der Stelle 0 ist.

Für $F(z) = (1 + z)^c$ gilt $F^{(n)}(z) = c^{\underline{n}} \cdot (1 + z)^{c-n}$ und damit $F^{(n)}(0) = c^{\underline{n}}$. Mithilfe von (4.5) und (4.3) folgt dann (4.4). □

Bevor wir weitere Folgen, deren formale Potenzreihen und erzeugende Funktionen betrachten, wollen Verknüpfungen und Manipulationen von formalen Potenzreihen betrachten, die uns quasi das Rechnen mit solchen Objekten erlauben.

Addition und Multiplikation von Potenzreihen

Sind $A = \langle a_n \rangle_{n \geq 0}$ und $B = \langle b_n \rangle_{n \geq 0}$ zwei Folgen, dann sei $C = A + B = \langle a_n + b_n \rangle_{n \geq 0}$, d.h. $C = \langle c_n \rangle_{n \geq 0}$ mit $c_n = a_n + b_n$ die Summe von A und B. Für die zugehörigen Potenzreihen gilt dann

$$C(z) = \sum_{n \geq 0} c_n z^n = \sum_{n \geq 0} (a_n + b_n) z^n = \sum_{n \geq 0} a_n z^n + \sum_{n \geq 0} b_n z^n = A(z) + B(z)$$

Die Multiplikation der Potenzreihen $A(z)$ und $B(z)$ ergibt die Potenzreihe

$$C(z) = A(z) \cdot B(z) = \left(\sum_{n \geq 0} a_n z^n \right) \cdot \left(\sum_{n \geq 0} b_n z^n \right) = \sum_{n \geq 0} \left(\sum_{k=0}^{n} a_k b_{n-k} \right) z^n$$

Faltung Die Folge $C = \langle c_n \rangle_{n \geq 0}$ mit $c_n = \sum_{k=0}^{n} a_k b_{n-k}$ heißt auch *Faltung* oder
Konvolution *Konvolution* der Folgen A und B.

Gemäß (4.4) gilt für $r, s \in \mathbb{N}_0$

$$(1 + z)^r = \sum_{n \geq 0} \binom{r}{n} z^n$$

sowie

$$(1 + z)^s = \sum_{n \geq 0} \binom{s}{n} z^n$$

Einerseits gilt

$$(1 + z)^r \cdot (1 + z)^s = (1 + z)^{r+s} = \sum_{n \geq 0} \binom{r + s}{n} z^n \qquad (4.6)$$

Andererseits gilt die Faltung

$$(1 + z)^r \cdot (1 + z)^s = \left(\sum_{n \geq 0} \binom{r}{n} z^n \right) \cdot \left(\sum_{n \geq 0} \binom{s}{n} z^n \right)$$

$$= \sum_{n \geq 0} \left(\sum_{k=0}^{n} \binom{r}{k} \binom{s}{n-k} \right) z^n \qquad (4.7)$$

Koeffizientenvergleich von (4.6) und (4.6) liefert die Vandermondesche Identität (1.29):

Vandermondesche Identität

$$\sum_{k=0}^{n} \binom{r}{k} \binom{s}{n-k} = \binom{r + s}{n}$$

 Übungsaufgaben

4.1 Überlegen Sie sich, dass sich als Dreifachfaltung der Potenzreihen $A(z)$, $B(z)$ und $C(z)$ die Potenzreihe

$$A(z) \cdot B(z) \cdot C(z) = \sum_{n \geq 0} \left(\sum_{k=0}^{n} \sum_{j=0}^{k} a_j b_{k-j} c_{n-k} \right) z^n \qquad (4.8)$$

ergibt! $\square$

Inversion von Potenzreihen

Wir suchen zur Potenzreihe $A(z)$ eine Potenzreihe $B(z)$ mit $A(z) \cdot B(z) = 1$. Falls eine solche Potenzreihe existiert, dann nennen wir diese die zu $A(z)$ *inverse Potenzreihe* und schreiben anstelle von $B(z)$ auch $A(z)^{-1}$. Es muss also

Inverse Potenzreihe

$$A(z) \cdot B(z) = \left(\sum_{n \geq 0} a_n z^n \right) \cdot \left(\sum_{n \geq 0} b_n z^n \right) = \sum_{n \geq 0} \left(\sum_{k=0}^{n} a_k b_{n-k} \right) z^n = 1$$

sein. Das kann nur dann sein, wenn $a_0 \cdot b_0 = 1$ und $\sum_{k=0}^{n} a_k b_{n-k} = 0$ für alle $n \geq 1$ ist. Es folgt, dass $b_0 = \frac{1}{a_0}$ ist, und hieraus, dass die Potenzreihe $A(z)$ genau dann invertierbar ist, wenn $a_0 \neq 0$ ist. Dadurch, dass unter dieser Voraussetzung b_0 gegeben ist, lassen sich alle weiteren b_n, $n \geq 1$, aus $\sum_{k=0}^{n} a_k b_{n-k} = 0$ berechnen:

$$b_n = -\frac{1}{a_0} \sum_{k=1}^{n} a_k b_{n-k} \qquad (4.9)$$

Die Potenzreihe (siehe auch Anhang)

$$A(z) = \sum_{n \geq 0} z^n \qquad (4.10)$$

Geometrische Reihe

der Folge $\langle 1 \rangle_{n \geq 0}$ geißt *geometrische Reihe*. Wir wollen mithilfe ihrer Inversen ihre erzeugende Funktion bestimmen. Zunächst bestimmen wir dazu $B(z) = \sum_{n \geq 0} b_n z^n$ mit $A(z) \cdot B(z) = 1$. Es ist $a_0 = 1$ und damit $b_0 = 1$. Mit (4.9) folgt $b_1 = -1$ sowie $b_n = 0$ für $n \geq 2$. Damit ergibt sich

$$B(z) = 1 - z$$

als Inverse zu $A(z)$. Es gilt also $A(z) \cdot (1 - z) = 1$ und daraus folgt

$$A(z) = \frac{1}{1 - z} \qquad (4.11)$$

womit wir $f(z) = \frac{1}{1-z}$ als erzeugende Funktion für die Folge $\langle 1 \rangle_{n \geq 0}$ bestimmt haben.

Ableitung und Integration von Potenzreihen

Leiten wir die Potenzreihe $A(z) = \sum_{n \geq 0} a_n z^n$ ab, dann erhalten wir die Potenzreihe

$$A'(z) = \frac{\mathrm{d}}{\mathrm{d}z} \sum_{n \geq 0} a_n z^n = \sum_{n \geq 0} \frac{\mathrm{d}}{\mathrm{d}z} a_n z^n = \sum_{n \geq 1} n a_n z^{n-1} = \sum_{n \geq 0} (n+1) a_{n+1} z^n$$

Es folgt, dass, wenn $f(z)$ eine erzeugende Funktion für die Folge $\langle a_n \rangle_{n \geq 0}$ ist, die Ableitung $f'(z)$ eine erzeugende Funktion für die Folge $\langle n \cdot a_n \rangle_{n \geq 1}$ ist.

$f(z) = \frac{1}{1-z}$ ist die erzeugende Funktion der Folge $\langle 1 \rangle_{n \geq 0}$. Es folgt, dass die Funktion

$$f'(z) = \frac{1}{(1 - z)^2}$$

mit der formalen Potenzreihe

$$A'(z) = \sum_{n \geq 0} (n+1) z^n$$

eine erzeugende Funktion für die Folge $\langle n \rangle_{n \geq 1}$ der natürlichen Zahlen ist.
Leiten wir einerseits die erzeugende Funktion

$$f(z) = \frac{1}{1-z}$$

nicht nur einmal, sondern $k \geq 0$ ab, dann erhalten wir

$$f^{(k)}(z) = \frac{k!}{(1-z)^{k+1}}$$

Andererseits erhalten wir durch k-maliges Ableiten der zugehörigen geometrischen Reihe $A(z) = \sum_{n \geq 0} z^n$

$$A^{(k)}(z) = \sum_{n \geq k} n^{\underline{k}} z^{n-k}$$

Es gilt also

$$\frac{k!}{(1-z)^{k+1}} = \sum_{n \geq k} n^{\underline{k}} z^{n-k}$$

woraus durch Division durch $k!$

$$\frac{1}{(1-z)^{k+1}} = \sum_{n \geq k} \frac{n^{\underline{k}}}{k!} z^{n-k}$$

und hieraus mithilfe von (4.3)

$$\frac{1}{(1-z)^{k+1}} = \sum_{n \geq k} \binom{n}{k} z^{n-k}$$

folgt. Durch geeignete Indexverschiebung erhalten wir

$$\frac{1}{(1-z)^{k+1}} = \sum_{n \geq 0} \binom{n+k}{k} z^n \qquad (4.12)$$

Für $k \geq 0$ sind also die Funktionen

$$f_k(z) = \frac{1}{(1-z)^{k+1}}$$

erzeugende Funktionen für die Folgen $\langle \binom{n+k}{k} \rangle_{n \geq 0}$. So ist z.B. $f_1(z) = \frac{1}{(1-z)^2}$
eine erzeugende Funktion für die Folge $\langle n \rangle_{n \geq 1}$ der natürlichen Zahlen (siehe auch oben).

Multiplikation der Gleichung (4.12) mit z^k liefert

$$\frac{z^k}{(1-z)^{k+1}} = \sum_{n \geq 0} \binom{n+k}{k} z^{n+k} = \sum_{n \geq k} \binom{n}{k} z^n$$

Da für $\binom{n}{k} = 0$ ist für $k < n$, folgt

$$\frac{z^k}{(1-z)^{k+1}} = \sum_{n \geq 0} \binom{n}{k} z^n \tag{4.13}$$

Für $k \geq 0$ sind also die Funktionen

$$g_k(z) = \frac{z^k}{(1-z)^{k+1}}$$

erzeugende Funktionen für die Folgen $\left\langle \binom{n}{k} \right\rangle_{n \geq 0}$.

Es ist

$$g_k(z) = z^k \cdot f_k(z)$$

d.h. die Folge von g_k ist dieselbe wie die von f_k, allerdings sind die Folgenglieder von g_k gegenüber denen von f_k um k Glieder verschoben, und die ersten k Glieder von g_k sind gleich 0.

Für die Logarithmus-Funktion $\ln z$ gilt (siehe Anhang):

$$\frac{\mathrm{d}}{\mathrm{d}z} \ln \frac{1}{1-z} = \frac{1}{1-z} = \sum_{n \geq 0} z^n$$

Durch Integration erhalten wir daraus

$$\ln \frac{1}{1-z} = \int \frac{1}{1-z} \, \mathrm{d}z$$

$$= \int \left(\sum_{n \geq 0} z^n \right) \mathrm{d}z = \sum_{n \geq 0} \int z^n \, \mathrm{d}z = \sum_{n \geq 0} \frac{1}{n+1} z^{n+1}$$

$$= \sum_{n \geq 1} \frac{1}{n} z^n$$

Damit ist die Funktion $f(z) = \ln \frac{1}{1-z}$ eine erzeugende Funktion für die Folge $\left\langle \frac{1}{n} \right\rangle_{n \geq 1}$.

4.2   Erzeugende Funktionen für Kombinationen

Aus Gleichung (4.1) sehen wir, dass $(1+z)^n$ die erzeugende Funktion für die Folge der Binomialkoeffizienten, d.h. für die Anzahlen der k-elementigen

Teilmengen n-elementiger Mengen ist. Im Produkt

$$(1+z)^n = \underbrace{(1+z) \cdot (1+z) \cdot \ldots \cdot (1+z)}_{n\text{-mal}}$$

$$= \underbrace{(z^0 + z^1) \cdot (z^0 + z^1) \cdot \ldots \cdot (z^0 + z^1)}_{n\text{-mal}}$$

fassen wir jeden der n Faktoren $z^0 + z^1$ als eine Urne auf, in die kein Element, also 0 Elemente, ausgedrückt durch $z^0 = 1$, oder 1 Element, ausgedrückt durch $z^1 = z$, gelegt werden kann. Eine k-Kombination aus n Elementen entspricht dann einer Auswahl von k-mal z und $n-k$-mal 1, d.h. das Produkt hat die Gestalt $z^k \cdot 1^{n-k} = z^k$. Wie wir wissen, kann dieses Produkt auf $\binom{n}{k}$-Möglichkeiten ausgewählt werden. $\binom{n}{k}$ ist der Koeffizient von z^k in der Reihendarstellung von $(1+z)^n$.

Diese Idee verallgemeinern wir jetzt: Sollen in eine Urne 0, 1 oder 2 Elemente gelegt werden, dann stellen wir dieses durch den Faktor $1 + z + z^2$ dar. Die Wahl von z^2 beim Ausmultiplizieren bedeutet dann, dass man für diese Urne 2 Elemente ausgewählt hat, dabei müssen diese nicht verschieden sein. Das Produkt

$$(1 + z + z^2)z(z + z^3)(z^2 + z^4) = z^4 + z^5 + 3z^6 + 2z^7 + 3z^8 + z^9 + z^{10} = p(z)$$

repräsentiert vier Urnen. In die erste Urne können kein, ein oder zwei Elemente gelegt werden; in die zweite Urne kann nur ein Element, in die dritte können ein oder drei und in die vierte Urne können zwei oder vier Elemente gelegt werden. Wenn mehr als ein Element in eine Urne gelegt werden kann, müssen diese nicht verschieden sein – wir ziehen also mit Wiederholung. Der Koeffizient von z^k im Polynom $p(z)$ gibt die Anzahl der k-Kombinationen mit Wiederholung unter den gegebenen Bedingungen an. Im Beispiel können also sowohl 6 als auch 8 Elemente auf drei Arten ausgewählt werden, 7 Elemente auf zwei Arten sowie 4, 5, 9 und 10 auf jeweils nur eine Art.

 Übungsaufgaben

4.2 Überprüfen Sie dies, indem Sie die Kombinationen bilden! □

Der folgende Satz verallgemeinert diese Überlegungen.

Satz 4.1 Die erzeugende Funktion für die Kombinationen mit Wiederholungen aus einer Menge $\{a_1, a_2, \ldots, a_n\}$ mit n Elementen, bei denen das Element a_i mit den Häufigkeiten $\alpha_1^{(i)}, \ldots, \alpha_{k_i}^{(i)}$ ausgewählt werden darf, ist

$$\prod \left(z^{\alpha_1^{(i)}} + z^{\alpha_2^{(i)}} + \ldots + z^{\alpha_{k_i}^{(i)}} \right)$$

□

Das folgende Beispiel[9] zeigt eine Anwendungsmöglichkeit in Verbindung mit der Faltung von Potenzreihen.

Beispiel 4.2 Wie kann man die Anzahl der Möglichkeiten bestimmen, einen Geldbetrag von n Cent mit 1-, 2- und 5-Centmünzen zu bezahlen? Für jede Münzart definieren wir eine Folge, wobei jeweils das n-te Folgenglied die Anzahl der Möglichkeiten angibt, n Cents mit der der jeweilgen Münze zu bezahlen. Sei $\langle a_n \rangle_{n \geq 0}$ die Folge für die 1-Centmünzen, dann ist $\langle a_n \rangle_{n \geq 0} = \langle 1, 1, 1, \ldots \rangle$; $\langle b_n \rangle_{n \geq 0}$ sei die Folge für die 2-Centmünzen, es ist also $\langle b_n \rangle_{n \geq 0} = \langle 1, 0, 1, 0, 1, 0, \ldots \rangle$; $\langle c_n \rangle_{n \geq 0}$ sei die Folge für die 5-Centmünzen, es ist also $\langle c_n \rangle_{n \geq 0} = \langle 1, 0, 0, 0, 0, 1, 0, 0, 0, 0, 1, \ldots \rangle$. Die zugehörigen formalen Potenzreihen sind

$$A(z) = \sum_{n \geq 0} z^n, \ \ B(z) = \sum_{n \geq 0} z^{2n} \ \text{bzw.} \ \ C(z) = \sum_{n \geq 0} z^{5n}$$

Die Faltung dieser drei Potenzreihen ergibt eine Reihe für die erzeugende Funktion

$$A(z) \cdot B(z) \cdot C(z) = \frac{1}{1-z} \cdot \frac{1}{1-z^2} \cdot \frac{1}{1-z^5}$$

Der Koeffizient von z^n in dieser Reihe ist die gesuchte Anzahl der Möglichkeiten, mit der der Betrag von n Cents mit 1-, 2- und 5-Centmünzen bezahlt werden kann. Zur Probe multiplizieren wir Anfangsstücke der drei Potenzreihen aus und erhalten

$$\left(1 + z + z^2 + \ldots z^{10} + \ldots \right) \cdot \left(1 + z^2 + z^4 + \ldots \right) \cdot \left(1 + z^5 + \ldots \right)$$
$$= 1 + z + 2z^2 + 2z^3 + 3z^4 + 4z^5 + \ldots$$

Hier kann man z.B. ablesen, dass der Betrag von 4 Cent auf 3 Arten mit 1-, 2- und 5-Centmünzen bezahlt werden kann. □

 Übungsaufgaben

4.3 Mit drei Würfen eines üblichen sechsseitigen Würfels mit den Zahlen von 1 bis 6 können in Summe die Zahlen von 3 bis 18 gewürfelt werden. Wie viele Möglichkeiten gibt es, die Augensumme n, $3 \leq n \leq 18$ zu würfeln? □

---

9   Dieses Beispiel geht auf den ungarischen Mathematiker George Pólya (1887 - 1985) zurück, der wesentliche Beiträge zu vielen Gebieten der Mathematik lieferte.

Ein Würfelwurf wird durch das Polynom $W(z) = z + z^2 + z^3 + z^4 + z^5 + z^6$ dargestellt, drei Würfe durch das Polynom $W(z)^3$. Der Koeffizient von z^n in diesem Polynom gibt die gesuchte Anzahl an. Es ist

$$W(z)^3 = z^3 + 3z^4 + 6z^5 + 10z^6 + 15z^7 + 21z^8 + 25z^9 + 27z^{10}$$
$$+ 27z^{11} + 25z^{12} + 21z^{13} + 15z^{14} + 10z^{15} + 6z^{16} + 3z^{17} + z^{18}$$

Die Augensumme 7 kann also z.B. auf 15, die Summe 11 auf 27 Arten gewürfelt werden.

Betrachten wir nun die geometrische Reihe

$$\sum_{n \geq 0} z^n = \left(1 + z + z^2 + \ldots \right)$$

Wie kann diese im obigen Sinne kombinatorisch gedeutet werden?

Nun, diese Reihe stellt eine Urne dar, in der ein Element mit jeder Häufigkeit gelegt werden kann. Um die erzeugende Funktion der k-Kombinationen aus einer n-elementigen Menge zu bestimmen, bei der die Häufigkeiten der Auswahl keiner Beschränkung unterliegen, müssen wir

$$\left(\sum_{n \geq 0} z^n \right)^k = \left(1 + z + z^2 + \ldots \right)^k \tag{4.14}$$

berechnen.

Aus (4.10) und (4.11) erhalten wir

$$\left(\sum_{n \geq 0} z^n \right)^k = \frac{1}{(1-z)^k} \tag{4.15}$$

und hieraus folgt mit (4.12)

$$\frac{1}{(1-z)^k} = \sum_{n \geq 0} \binom{n+k-1}{k} z^n \tag{4.16}$$

woraus unmittelbar der folgende Satz folgt.

Satz 4.2 Die erzeugende Funktion der k-Kombinationen mit Wiederholung aus einer n-elementigen Menge ist $\frac{1}{(1-z)^k}$. □

Aus dem Bisherigen können wir jetzt leicht erzeugende Funktionen und damit die Anzahlen der Kombinationen mit Wiederholung aus einer n-elementigen Menge bestimmen, in denen jedes Element mindestens r-mal für $r \geq 0$ auftreten kann. Wir haben oben den Fall $r = 0$ betrachtet. Allgemein lautet die geometrische Reihe, die eine Urne repräsentiert, dann

$$z^r + z^{r+1} + z^{r+2} + \ldots = \sum_{n \geq r} z^n = z^r \cdot \sum_{n \geq 0} z^n = \frac{z^r}{1-z}$$

Als erzeugende Funktion der Kombinationen mit Wiederholung aus einer n-elementigen Menge, in denen jedes Element mindestens r-mal auftritt ergibt sich damit aus (4.16):

$$\frac{z^{rk}}{(1-z)^k} = \sum_{n \geq 0} \binom{n+k-1}{k} z^{n+rk}$$

$$= \sum_{n \geq rk} \binom{n+k-rk-1}{k} z^n$$

$$= \sum_{n \geq rk} \binom{n+k(1-r)-1}{k} z^n \qquad \text{mit (1.16)}$$

Die Anzahl der k-Kombinationen mit Wiederholung aus einer Menge mit n Elementen, in denen jedes Element mindestens r-mal ausgewählt wird, ist also:

$$\binom{n+k(1-r)-1}{k}$$

4.3   Erzeugende Funktionen für Permutationen

Wir wollen nun erzeugende Funktionen für Permuationen betrachten. Ausgangspunkt ist wieder die Gleichung (4.1), die Reihendarstellung für die erzeugende Funktion $(1+z)^n$ für die Kombinationen ohne Wiederholung. Daraus leiten wir für $(1+z)^n$ eine weitere Reihendarstellung ab:

$$(1+z)^n = \sum_{k=0}^n \binom{n}{k} z^k$$

$$= \sum_{k=0}^n \frac{n!}{(n-k)!} \cdot \frac{z^k}{k!}$$

$$= \sum_{k=0}^n P(n,k) \frac{z^k}{k!} \qquad\qquad (4.17)$$

In dieser Darstellung ist $P(n,k)$, die Anzahl der k-Permutationen ohne Wiederholung aus n Elementen, Koeffiizient von $\frac{z^k}{k!}$. Da für die Euler-Zahl

$e = \lim_{n\to\infty}(1 + \frac{1}{n})^n = 2,718\ldots$ die Reihendarstellung

$$e^z = \sum_{k=0}^{\infty} \frac{z^k}{k!} \tag{4.18}$$

gilt, nennt man die Funktion

$$f(z) = \sum_{k=0}^{\infty} a_k \frac{z^k}{k!}$$

die *exponentielle erzeugende Funktion* der Koeffizienten $a_0, a_1, a_2, \ldots$. Aus (4.17) folgt unmittelbar, dass $(1+z)^n$ die exponentielle erzeugende Funktion der Anzahlen der k-Permutationen aus n Elementen ohne Wiederholung ist.

Exponentielle erzeugende Funktion

Überlegungen analog zu denen, die zum Satz 4.1 geführt haben, führen zum

Satz 4.3 Die exponentielle erzeugende Funktion der k-Permutationen mit Wiederholung aus einer Menge $\{a_1, a_2, \ldots, a_n\}$ mit n Elementen, bei denen das Element a_i mit den Häufigkeiten $\alpha_1^{(i)}, \ldots, \alpha_{k_i}^{(i)}$ ausgewählt werden darf, ist

$$\prod \left(\frac{z^{\alpha_1^{(i)}}}{\alpha_1^{(i)}!} + \frac{z^{\alpha_2^{(i)}}}{\alpha_2^{(i)}!} + \ldots + \frac{z^{\alpha_{k_i}^{(i)}}}{\alpha_{k_i}^{(i)}!} \right)$$

$\square$

Als Beispiel betrachten wir vier Elemente a_1, a_2, a_3, a_4. a_1 soll 0- oder 3-mal, a_2 2-mal, a_3 2- oder 3-mal, und a_4 0-, 1- oder 2-mal ausgewählt werden. Nach dem Satz ergibt sich die exponentielle erzeugende Funktion durch

$$\left(1 + \frac{z^3}{3!}\right) \cdot \frac{z^2}{2!} \cdot \left(\frac{z^2}{2!} + \frac{z^3}{3!}\right) \cdot \left(1 + \frac{z}{1!} + \frac{z^2}{2!}\right) =$$

$$\frac{4!}{2!2!} \frac{z^4}{4!} + \left(\frac{5!}{1!2!2!} + \frac{5!}{2!3!}\right) \frac{z^5}{5!} + \left(\frac{6!}{2!2!2!} + \frac{6!}{1!2!3!}\right) \frac{z^6}{6!} + \frac{7!}{2!2!3!} \frac{z^7}{7!}$$

$$+ \left(\frac{8!}{1!2!2!3!} + \frac{8!}{2!3!3!}\right) \frac{z^8}{8!} + \left(\frac{9!}{2!2!2!3!} + \frac{9!}{1!2!3!3!}\right) \frac{z^9}{9!} + \frac{10!}{2!2!3!3!} \frac{z^{10}}{10!}$$

$$= \quad 6 \cdot \frac{z^4}{4!} + 40 \cdot \frac{z^5}{5!} + 210 \cdot \frac{z^6}{6!} + 210 \cdot \frac{z^7}{7!} + 2\,240 \cdot \frac{z^8}{8!}$$

$$+ 12\,600 \cdot \frac{z^9}{9!} + 25\,200 \cdot \frac{z^{10}}{10!}$$

Es gibt also u.a. 6 4-Permutationen (bitte verifizieren!) und 12 600 9-Permutationen mit Wiederholung unter den gegebenen Bedingungen.

Analog wie bei den Kombinationen betrachten wir nun Permutationen mit Wiederholung, in denen ein Element beliebig oft auftreten kann. Ein Fach

wird also jetzt repräsentiert durch

$$1 + \frac{z}{1!} + \frac{z^2}{2!} + \ldots = \sum_{k=0}^{\infty} \frac{z^k}{k!} = e^z$$

Beliebige Häufigkeiten werden dann repräsentiert durch

$$\left(1 + \frac{z}{1!} + \frac{z^2}{2!} + \ldots\right)^n = \left(\sum_{k=0}^{\infty} \frac{z^k}{k!}\right)^n = (e^z)^n = e^{nz}$$

Mit (4.18) folgt

Satz 4.4 Die exponentielle erzeugende Funktion der Permutationen mit Wiederholung von n-Elementen ist gegeben durch

$$e^{nz} = \sum_{k=0}^{\infty} n^k \frac{z^k}{k!}$$

Der Koeffizient von $\frac{z^k}{k!}$, der die Anzahl der k-Permutationen aus einer n-elementigen Menge mit Wiederholung angibt, ist also n^k, was wir bereits in Satz 1.5 gesehen haben.   □

 Übungsaufgaben

4.4 Überlegen Sie, welche positiven von Null verschiedenen Zahlen auf den Seiten zweier sechsseitiger Würfel sein müssen, damit man mit diesen dieselben Summen werfen kann wie mit zwei üblichen Würfeln mit den Zahlen $1, \ldots, 6$.   □

Im Kapitel 5 werden wir sehen, wie erzeugende Funktionen zur Lösung von linearen Differenzengleichungen verwendet werden können

4.4 Weitere Anwendungen und Zusammenfassung

In diesem Abschnitt listen wir die bisher bereits hergeleiteten erzeugenden Funktionen auf und geben für einige davon Varianten und Verallgemeinerungen an.

Wir wissen, dass

$$f(z) = \frac{1}{1-z} \qquad (4.19)$$

eine erzeugenden Funktion für die Folge $\langle\, 1\,\rangle_{n\geq0}$ ist. Hieraus können wir als Verallgemeinerung ableiten, da

$$\sum_{n\geq0} a^n z^n = \frac{1}{1-az} \qquad (4.20)$$

ist, dass

$$f(z) = \frac{1}{1-az} \qquad (4.21)$$

eine erzeugende Funktion für die Folge $\langle\, a^n\,\rangle_{n\geq0}$ ist. Daraus folgt z.B. als Spezialfal für $a = -1$, dass

$$f(z) = \frac{1}{1+z} \qquad (4.22)$$

eine erzeugende Funktion für die Folge $\langle\,(-1)^n\,\rangle_{n\geq0}$ ist.

Wir multiplizieren (4.19) und (4.22) und erhalten

$$\frac{1}{1-z^2} = \frac{1}{1-z}\cdot\frac{1}{1+z}$$

$$= \sum_{n\geq0} z^n \cdot \sum_{n\geq0}(-1)^n z^n$$

$$= \sum_{n\geq0}\left(\sum_{k=0}^{n}(-1)^k\right)z^n$$

$$= \sum_{n\geq0} z^{2n}$$

Die letzte Gleichung gilt, weil

$$\sum_{k=0}^{n}(-1)^k = \begin{cases} 1, & n \text{ gerade} \\ 0, & n \text{ ungerade} \end{cases}$$

ist. Die Funktion

$$f(z) = \frac{1}{1-z^2}$$

ist also eine erzeugende Funktion für die Folge $\langle\, 1-(-1)^{n+1}\,\rangle_{n\geq0} = \langle\, 1,0,1,0,\ldots\,\rangle$.

Mithilfe von erzeugenden Funktionen kann man Rekursionsgleichungen lösen. Betrachten wir z.B. die Gleichung

$$f(n) = 3 \cdot f(n-1), \ f(0) = 1$$

und suchen eine erzeugende Funktion $f(z) = \sum_{n \geq 0} f(n) \cdot z^n$, d.h. eine erzeugende Funktion, deren Koeffizienten die Glieder der durch die Rekursionsgleichung festgelegten Folge sind, dann können wir wie folgt überlegen:

$$f(z) = \sum_{n \geq 0} f(n) \cdot z^n$$

$$= f(0) + \sum_{n \geq 1} f(n) \cdot z^n$$

$$= 1 + \sum_{n \geq 1} 3 \cdot f(n-1) \cdot z^n$$

$$= 1 + 3z \cdot \sum_{n \geq 1} f(n-1) \cdot z^{n-1}$$

$$= 1 + 3z \cdot \sum_{n \geq 0} f(n) \cdot z^n$$

Es folgt

$$f(z) = 1 + 3z \cdot f(x)$$

und daraus

$$f(z) = \frac{1}{1 - 3z}$$

Mithilfe von (4.21) folgt, dass $f(z)$ eine erzeugende Funktion für die Folge $\langle 3^n \rangle_{n \geq 0}$ ist, d.h. es ist $f(n) = 3^n$, womit die Rekursionsgleichung gelöst ist.

Wir werden in den folgenden Kapiteln noch ausführlicher auf Methoden zur Lösung von Rekursionsgleichungen eingehen und dabei u.a. auch auf erzeugende Funktionen zurückgreifen.

Wir haben bereits gezeigt, dass für $k \geq 0$

$$g_k(z) = \frac{z^k}{(1-z)^{k+1}}$$

eine erzeugende Funktion für die Folge $\left\langle \binom{n}{k} \right\rangle_{n \geq 0}$ ist. Als Spezialfall folgt, dass

$$g_1(z) = \frac{z}{(1-z)^2}$$

eine erzeugende Funktionen für die Folge $\langle n \rangle_{n \geq 0}$ der natürlichen Zahlen ist. Wir wollen nun erzeugende Funktionen für die Folgen $\langle n^k \rangle_{n \geq 0}$ für alle $k \geq 0$ herleiten.

Dazu führen wir einen speziellen Ableitungsoperator ein. Sei $f : \mathbb{C} \to \mathbb{C}$ eine beliebig differenzierbare Funktion, dann sei

$$(zD)^{(0)} f(z) = f(z)$$
$$(zD)^{(k+1)} f(z) = z \cdot \frac{\mathrm{d}}{\mathrm{d}z} (zD)^{(k)} f(z) \quad \text{für } k \geq 0$$

Satz 4.5 Es gilt für $k \geq 0$

a)

$$(zD)^{(k)} \frac{1}{1-z} = \sum_{i \geq 0} S_{k,i} \cdot i! \cdot \frac{z^i}{(1-z)^{i+1}}$$

b)

$$(zD)^{(k)} \sum_{n \geq 0} z^n = \sum_{n \geq 0} n^k z^n$$

c)

$$(zD)^{(k)} \frac{1}{1-z}$$

ist eine erzeugende Funktion für die Folge $\langle n^k \rangle_{n \geq 0}$.

Beweis[10]   a) Wir beweisen die Behauptung durch vollständige Induktion über k. Für $k = 0$ gilt die Behauptung offensichtlich; wir zeigen sie auch noch für $k = 1$: Es gilt einerseits

$$(zD)^{(1)} \frac{1}{1-z} = z \cdot \frac{\mathrm{d}}{\mathrm{d}z} \frac{1}{1-z} = \frac{z}{(1-z)^2}$$

und andererseits

$$\sum_{i=0}^{1} S_{1,i} \cdot i! \cdot \frac{z^i}{(1-z)^{i+1}} = S_{1,0} \cdot 0! \cdot \frac{z^0}{1-z} + S_{1,1} \cdot 1! \cdot \frac{z}{(1-z)^2}$$
$$= 0 \cdot 1 \cdot \frac{1}{1-z} + 1 \cdot 1 \cdot \frac{z}{(1-z)^2}$$
$$= \frac{z}{(1-z)^2}$$

---

10 Vor dem Beweis rufen wir uns in Erinnerung, dass für die Stirlingzahlen zweiter Art $S_{k,i}$ gilt: $S_{k,i} = 0$ für $k < i$ sowie $S_{k,0} = 0$.

womit die Behauptung auch für $k = 1$ gezeigt ist. Jetzt führen wir den Induktionsschritt $k \to k+1$ durch:

$$
\begin{aligned}
(zD)^{(k+1)} \frac{1}{1-z} &= z \cdot \frac{\mathrm{d}}{\mathrm{d}z} (zD)^{(k)} \frac{1}{1-z} \\
&= z \cdot \frac{\mathrm{d}}{\mathrm{d}z} \sum_{i \geq 0} S_{k,i} \cdot i! \cdot \frac{z^i}{(1-z)^{i+1}} \\
&= \sum_{i \geq 0} S_{k,i} \cdot i! \cdot z \cdot \frac{\mathrm{d}}{\mathrm{d}z} \frac{z^i}{(1-z)^{i+1}} \\
&= \sum_{i \geq 0} S_{k,i} \cdot i! \cdot z \cdot \frac{i \cdot z^{i-1}(1-z) + (i+1)z^i}{(1-z)^{i+2}} \\
&= \sum_{i \geq 0} \left[i \cdot S_{k,i} \cdot i! \cdot \frac{z^i}{(1-z)^{i+1}} + S_{k,i} \cdot (i+1)! \cdot \frac{z^{i+1}}{(1-z)^{i+2}} \right] \\
&= \sum_{i \geq 0} i \cdot S_{k,i} \cdot i! \cdot \frac{z^i}{(1-z)^{i+1}} + \sum_{i \geq 1} S_{k,i-1} \cdot i! \cdot \frac{z^i}{(1-z)^{i+1}} \\
&= \sum_{i \geq 0} i \cdot S_{k,i} \cdot i! \cdot \frac{z^i}{(1-z)^{i+1}} + \sum_{i \geq 0} S_{k,i-1} \cdot i! \cdot \frac{z^i}{(1-z)^{i+1}} \\
&= \sum_{i \geq 0} \left(S_{k,i-1} + i \cdot S_{k,i} \right) \cdot i! \cdot \frac{z^i}{(1-z)^{i+1}} \\
&= \sum_{i \geq 0} S_{k+1,i} \cdot i! \cdot \frac{z^i}{(1-z)^{i+1}}
\end{aligned}
$$

b) Auch diese Behauptung beweisen wir durch vollständige Induktion über k. Für $k = 0$ gilt die Behauptung offensichtlich, und der Induktionsschritt ergibt sich durch

$$
\begin{aligned}
(zD)^{(k+1)} \sum_{n \geq n} z^n &= z \cdot \frac{\mathrm{d}}{\mathrm{d}z} (zD)^{(k)} \sum_{n \geq n} z^n \\
&= z \cdot \frac{\mathrm{d}}{\mathrm{d}z} \sum_{n \geq 0} n^k z^n \\
&= \sum_{n \geq 0} n^k \cdot z \cdot \frac{\mathrm{d}}{\mathrm{d}z} z^n \\
&= \sum_{n \geq 0} n^{k+1} z^n
\end{aligned}
$$

c) folgt unmitelbar aus a) und b).   □

Wir haben gezeigt, dass

$$
f(z) = \ln \frac{1}{1-z}
$$

eine erzeugende Funktion für die Folge $\left\langle \frac{1}{n} \right\rangle_{n \geq 1}$ ist. Aus (4.20) und (4.22) wissen wir, dass

$$\sum_{n \geq 0} (-1)^n z^n = \frac{1}{1+z}$$

ist. Wir integrieren beide Seiten und erhalten einerseits

$$\int \left(\sum_{n \geq 0} (-1)^n z^n \right) dz = \sum_{n \geq 0} (-1)^n \int z^n dz$$

$$= \sum_{n \geq 0} (-1)^n \frac{1}{n+1} z^{n+1}$$

$$= \sum_{n \geq 1} \frac{(-1)^{n-1}}{n} z^n$$

und andererseits

$$\int \frac{1}{1+z} dz = \ln(1+z)$$

womit wir gezeigt haben, dass

$$\sum_{n \geq 1} \frac{(-1)^{n-1}}{n} z^n = \ln(1+z)$$

gilt und somit $\ln(1+z)$ eine erzeugende Funktion für die Folge $\left\langle \frac{(-1)^{n-1}}{n} \right\rangle_{n \geq 1}$ ist.

In den Abschnitten über erzeugende Funktionen für kombinatorische Anzahlen haben wir hergeleitet, dass

$$(1 + az)^c = \sum_{n \geq 0} \binom{c}{n} a^n z^n \tag{4.23}$$

für $a, c \in \mathbb{C}$ ist, und damit, dass

$$f(z) = (1 + az)^c \tag{4.24}$$

eine erzeugende Funktion für die Folge der verallgemeinerten Binomialkoeffizienten ist: $\left\langle a^n \cdot \binom{c}{n} \right\rangle_{n \geq 0} = \left\langle a^n \cdot \frac{c^{\underline{n}}}{n!} \right\rangle_{n \geq 0}$. Des Weiteren haben wir gezeigt, dass

$$\frac{1}{(1-az)^c} = \sum_{n \geq 0} \binom{c+n-1}{n} a^n z^n \tag{4.25}$$

ist, und damit, dass

$$f(z) = \frac{1}{(1-az)^c} \tag{4.26}$$

eine erzeugende Funktion für die Folge $\left\langle a^n \cdot \binom{c+n-1}{n} \right\rangle_{n \geq 0}$ für $a, c \in \mathbb{C}$ ist. Für $a = 1$ und $c = k + 1$ folgt als Spezialfall, dass

$$f(z) = \frac{1}{(1-z)^{k+1}}$$

eine erzeugende Funktion für die Folge $\left\langle \binom{n+k}{n} \right\rangle_{n \geq 0}$ ist.

Wegen der Reihendarstellung

$$e^z = \sum_{n \geq 0} \frac{z^n}{n!}$$

ist die Funktion

$$f(z) = e^z$$

eine erzeugende Funktion für die Folge $\left\langle \frac{1}{n!} \right\rangle_{n \geq 0}$.

Mit Satz (2.8) haben wir gezeigt, dass die fallen Faktoriellen, also die Funktionen

$$f_k(z) = z^{\underline{k}}$$

erzeugende Funktionen für die Folgen $\left\langle (-1)^{k-n} \cdot s_{k,n} \right\rangle_{n \geq 0}$ der Stirlingzahlen erster Art mit alternierenden Vorzeichen sind, und mit Satz (2.9) haben wir gezeigt, dass die steigenden Faktoriellen, also die Funktionen

$$f_k(z) = z^{\overline{k}}$$

erzeugende Funktionen für die Folgen $\left\langle s_{k,n} \right\rangle_{n \geq 0}$ der Stirlingzahlen erster Art sind.

Catalanzahlen Am Ende von Abschnitt 2.3 haben wir angekündigt, die Folge der Catalanzahlen C_n mithilfe von erzeugenden Funktionen zu bestimmen. Wir gehen aus von Satz 2.10, in dem wir gezeigt haben, dass $C_0 = 1$ ist und für $n \geq 1$

$$C_n = \sum_{k=1}^{n} C_{k-1} C_{n-k} \tag{4.27}$$

gilt. Des Weiteren sei

$$C(z) = \sum_{n \geq 0} C_n z^n \tag{4.28}$$

eine formale Potenzreihe für die Catalanzahlen. Wir wollen zunächst eine erzeugende Funktion $C(z)$ für die Catalanzahlen bestimmen und dann daraus die Koeffizienten C_n herleiten. durch Einsetzen von (4.27) in (4.28) erhalten wir

$$C(z) - 1 = \sum_{n \geq 1} C_n z^n$$

$$= \sum_{n \geq 1} \left(\sum_{k=1}^{n} C_{k-1} C_{n-k} \right) z^n$$

$$= z \cdot \sum_{n \geq 1} \left(\sum_{k=1}^{n} C_{k-1} C_{n-k} \right) z^{n-1}$$

$$= z \cdot \sum_{n \geq 0} \left(\sum_{k=1}^{n+1} C_{k-1} C_{n+1-k} \right) z^n$$

$$= z \cdot \sum_{n \geq 0} \left(\sum_{k=0}^{n} C_k C_{n-k} \right) z^n$$

$$= z \cdot C(z)^2$$

weil

$$\sum_{n \geq 0} \left(\sum_{k=0}^{n} C_k C_{n-k} \right) z^n$$

gerade das Quadrat der Reihe (4.28) ist. Wir haben also eine quadratische Gleichung für die Unbekannte $C(z)$ erhalten:

$$C(z)^2 - \frac{1}{z} C z + \frac{1}{z} = 0$$

Als Lösungen ergeben sich

$$C(z)_1 = \frac{1 + \sqrt{1 - 4z}}{2z} \quad \text{und} \quad C(z)_2 = \frac{1 - \sqrt{1 - 4z}}{2z}$$

Es gilt $\lim_{z \to 0} C(z)_1 = \infty$; $C(z)_1$ kommt also zur weiteren Betrachtung nicht infrage, denn es muss ja $C_0 = 1$ sein. Wir wählen als erzeugende Funktion $C(z)$ für die Catalanzahlen also die Funktion $C(z)_2$:

$$C(z) = \frac{1 - \sqrt{1 - 4z}}{2z}$$

Daraus leiten wir die Catalanzahlen, d.h. die Koeffizienten der Reihe (4.28) ab. Es gilt mithilfe von (4.23) und (4.24):

$$\sum_{n\geq 0} C_n z^{n+1} = z \cdot \sum_{n\geq 0} C_n z^n$$

$$= z \cdot C(z)$$

$$= \frac{1}{2} - \frac{1}{2} \cdot (1 - 4z)^{\frac{1}{2}}$$

$$= \frac{1}{2} - \frac{1}{2} \cdot \sum_{n\geq 0} \binom{\frac{1}{2}}{n} \cdot (-4)^n z^n$$

$$= -\frac{1}{2} \cdot \sum_{n\geq 1} \binom{\frac{1}{2}}{n} \cdot (-4)^n z^n$$

$$= \sum_{n\geq 0} \left(-\frac{1}{2}\right) \cdot \binom{\frac{1}{2}}{n+1} \cdot (-4)^{n+1} z^{n+1}$$

Koeffizientenvergleich ergibt

$$C_n = -\frac{1}{2} \cdot \binom{\frac{1}{2}}{n+1} \cdot (-4)^{n+1}$$

$$= -\frac{1}{2} \cdot \frac{\frac{1}{2} \cdot (\frac{1}{2} - 1) \cdot (\frac{1}{2} - 2) \cdot \ldots \cdot (\frac{1}{2} - n)}{(n+1)!} \cdot (-4)^{n+1}$$

$$= -\frac{1}{4} \cdot (-4) \cdot \frac{(-2) \cdot (2-1) \cdot (-2)(4-1) \cdot \ldots \cdot (-2)(2n-1)}{(n+1)!} \cdot (-4)^n$$

$$= \frac{1 \cdot 3 \cdot \ldots \cdot (2n-1)}{(n+1)!} \cdot 2^n$$

$$= \frac{1}{n+1} \cdot \frac{1 \cdot 3 \cdot \ldots \cdot (2n-1)}{n!} \cdot \frac{2 \cdot 4 \cdot 6 \cdot \ldots \cdot 2n}{1 \cdot 2 \cdot 3 \cdot \ldots \cdot n}$$

$$= \frac{1}{n+1} \cdot \frac{(2n)!}{n! \cdot n!} = \frac{1}{n+1} \cdot \binom{2n}{n}$$

womit wir das schon im Abschnitt 2.9 angegebene Ergebnis (2.9) erhalten.

5   Lineare Differenzengleichungen

In der Informatik werden oft die Glieder einer Folge $a_0, a_1, a_2, \ldots$ oder die Werte $f(0), f(1), f(2), \ldots$ einer Funktion $f : \mathbb{N}_0 \to \mathbb{R}$ rekursiv definiert, d.h. es werden Anfangswerte der Folge bzw. der Funktion angegeben und die weiteren Werte werden dann als Funktion bereits berechneter Werte bestimmt. Ein bekanntes Beispiel ist die Fakultätsfunktion $! : \mathbb{N}_0 \to \mathbb{N}_0$ definiert durch

$$n! = \begin{cases} 1, & \text{falls } n = 0 \\ n \cdot (n-1)!, & \text{falls } n \geq 1 \end{cases} \tag{5.1}$$

Es ergibt sich für $n \geq 1$: $n! = \prod_{k=1}^{n} k$ als Produkt der Zahlen von 1 bis n.

Folgende Rekursionsgleichung könnte z.B. den Zeitaufwand eines Algorithmus für Probleme der Größe $k = 2^n$ beschreiben:

$$T_A(n) = 2 \cdot T_A(n-1) + 2n - 1, \ T_A(0) = 1 \tag{5.2}$$

Beim Algorithmus A handelt es sich möglicherweise um einen Divide and conquer-Algorithms (wie z.B. Merge sort von $k = 2^n$ Schlüsseln): Für Probleme der Größe $2^0 = 1$ ist nichts zu tun. Für Probleme der Größe n mit $2^n > 2^0$, teilt A die Eingabe in zwei Hälften und bearbeitet beide Hälften der Größe von je 2^{n-1}. Für das Zusammenführen der beiden Teillösungen dieser Größe wird jeweils ein Aufwand von $2n-1$ Schritten benötigt. Um den Aufwand des Algorithmus A besser abschätzen zu können, wäre es natürlich günstiger, $T_A(n)$ nicht rekursiv, sondern explizit durch einen geschlossenen Ausdruck angeben zu können.

Ein weiteres bekanntes Beispiel, welches wir im Folgenden als ein laufendes Beispiel verwenden werden, ist die Folge der Fibonacci-Zahlen. Sie beschreibt ein Wachstumsverhalten, welches in vielen Bereichen auftritt, und wird zumeist mit dem folgenden Beispiel eingeführt: Zum Zeitpunkt 0 gebe es kein Kaninchenpaar, zum Zeitpunkt 1 gebe es ein Kaninchenpaar. Ein Kaninchenpaar benötigt ein Zeitintervall, um geschlechtsreif zu werden, und jedes geschlechtsreife Paar zeugt in jedem Zeitintervall ein weiteres Paar. Überlegen Sie, wie viele Kaninchenpaare nach n Zeitintervallen existieren (dabei wird von der Unsterblichkeit aller Kaninchen ausgegangen)!

Wir wollen die Anzahl Kaninchen nach n Zeitintervallen mit F_n bezeichnen. **Fibonacci-** Es ist also $F_0 = 0$ und $F_1 = 1$. Wie ergibt sich F_{n+2} für $n \geq 0$? Da die **Folge** Kaninchen unsterblich sind, leben zum Zeitpunkt $n+2$ alle, die im Zeitpunkt vorher, also zum Zeitpunkt $n+1$ gelebt haben. Des Weiteren haben alle die Paare Nachwuchs bekommen, die zum Zeitpunkt $n+1$ geschlechtsreif waren, das sind alle, die zum Zeitpunkt n gelebt haben. Es folgt also insgesamt

$$F_0 = 0; \ F_1 = 1; \ F_{n+2} = F_{n+1} + F_n \text{ für } n \geq 0 \tag{5.3}$$

oder

$$
F_n = \begin{cases} 0, & n = 0 \\ 1, & n = 1 \\ F_{n-1} + F_n, & n \geq 2 \end{cases}
\tag{5.4}
$$

Berechnen Sie die Folge etwa bis F_{10}!

Auch bei dieser rekursiv definierten Folge stellt sich die Frage, ob es einen geschlossenen Ausdruck gibt, mit dem F_n direkt berechnet werden kann.

Allgemein geht es bei diesen Fragestellungen darum, ob es Verfahren gibt, um sogenannte lineare Differenzengleichungen zu lösen.

Lernziele

Nach Durcharbeiten dieses Kapitels sollten Sie

- Verfahren für die Lösung von linearen Differenzengleichungen mit konstanten Koeffizienten kennen und begründen sowie auf einfache Problemstellungen anwenden können,

- allgemeine Eigenschaften von Lösungen linearer Differenzengleichungen beweisen können.

5.1   Definitionen und Beispiele

Lineare Differenzen-gleichung

Definition 5.1   Es seien $\alpha_0, \alpha_1, \ldots, \alpha_k, f, g : \mathbb{N}_0 \to \mathbb{R}$. Eine Gleichung der Art

$$
\alpha_k(n)f(n+k) + \alpha_{k-1}(n)f(n+k-1) + \ldots
$$
$$
\ldots + \alpha_1(n)f(n+1) + \alpha_0(n)f(n) = g(n)
\tag{5.5}
$$

heißt *lineare Differenzengleichung der Ordnung k*. Eine alternative Darstellung ergibt sich durch eine Argumenttransformation ($n \to n - k$, $n \geq k$) bei f und entsprechende Indextransformation bei den Funktionen α_i:

$$
\alpha_0(n)f(n) + \alpha_1(n)f(n-1) + \ldots
$$
$$
\ldots + \alpha_{k-1}(n)f(n-k+1) + \alpha_k(n)f(n-k) = g(n)
\tag{5.6}
$$

Sind alle Koeffizientenfunktionen α_i konstant, etwa $\alpha_i(n) = a_i \in \mathbb{R}$ für alle $n \in \mathbb{N}_0$ und $1 \leq i \leq k$, dann sprechen wir von *linearen Differenzengleichungen mit konstanten Koeffizienten*. Ist $g(n) = 0$ für alle $n \in \mathbb{N}_0$, dann heißt die Differenzengleichung *homogen*, ansonsten *inhomogen*. Wir gehen davon aus, dass die Funktionen α_i, $1 \leq i \leq k$, sowie die Funktion g gegeben sind. Gesucht sind Funktionen f, die die Differenzengleichung erfüllen. Jede solche Funktion heißt *Lösung der Differenzengleichung*. □

Die Fibonacci-Folge, siehe Definitionen (5.3) und (5.4), lässt sich also durch eine homogene Differenzengleichung der Ordnung 2 mit konstanten Koeffizienten (alle gleich 1) definieren:

$$F_{n+2} - F_{n-1} - F_n = 0 \text{ oder } F_n - F_{n-1} - F_{n-2} = 0$$

Die Fakultätsfunktion, siehe Gleichung (5.1), lässt sich durch folgende homogene Differenzengleichung vom Grad 1 schreiben:

$$f(n+1) - (n+1) \cdot f(n) = 0 \text{ oder } f(n) - n \cdot f(n-1) = 0$$

Die Koeffizienten sind die Konstante $\alpha_1(n) = 1$ und $\alpha_0(n) = n+1$ bzw. $\alpha_0(n) = 1$ und $\alpha_1(n) = n$.

Die Beschreibung der Zeitkomplexität des Algorithmus A in Gleichung (5.2) ist eine inhomogene Differenzengleichung mit konstanten Koeffizienten mit dem Grad 1:

$$T_A(n) - 2 \cdot T_A(n-1) = 2n - 1$$

5.2 Allgemeine Eigenschaften von Lösungen

Bevor wir Lösungsmethoden für solche Gleichungen betrachten, stellen wir einige allgemeine Eigenschaften von Lösungen fest. Versuchen Sie, die folgenden Sätze zu begründen (besser: zu beweisen), bevor Sie den Beweis durcharbeiten!

Satz 5.1 Es seien f_1 und f_2 Lösungen der homogenen Differenzengleichung $\sum_{i=0}^{k} \alpha_i(n) f(n+i) =$

$$\alpha_k(n)f(n+k) + \alpha_{k-1}(n)f(n+k-1) + \ldots + \alpha_1(n)f(n+1) + \alpha_0(n)f(n) = 0$$

dann sind für alle $\gamma, \delta \in \mathbb{R}$ auch die Funktionen $\gamma \cdot f_1 + \delta \cdot f_2$ definiert durch $(\gamma \cdot f_1 + \delta \cdot f_2)(m) = \gamma \cdot f_1(m) + \delta \cdot f_2(m)$ Lösungen dieser Gleichung.

Beweis Wir überlegen zunächst, dass dann, wenn f eine Lösung ist, auch $\gamma \cdot f$ eine Lösung ist für alle $\gamma \in \mathbb{R}$. Ist f eine Lösung, dann gilt $\sum_{i=0}^{k} \alpha_i(n)f(n+i) = 0$. Es folgt $\gamma \cdot \sum_{i=0}^{k} \alpha_i(n)f(n+i) = \gamma \cdot 0 = 0$ für alle $\gamma \in \mathbb{R}$ und damit $\sum_{i=0}^{k} \alpha_i(n)(\gamma \cdot f(n+i)) = 0$, woraus folgt, dass $\gamma \cdot f$ eine Lösung ist.

Wir wissen also, sind f_1 und f_2 Lösungen, dann sind auch $\gamma \cdot f_1$ und $\delta \cdot f_2$ Lösungen für alle $\gamma, \delta \in \mathbb{R}$. Es gilt also

$$\sum_{i=0}^{k} \alpha_i(n)(\gamma \cdot f_1(n+i)) = 0 \text{ sowie } \sum_{i=0}^{k} \alpha_i(n)(\delta \cdot f_2(n+i)) = 0$$

Addieren der beiden Seiten dieser Gleichungen liefert

$$0 = \sum_{i=0}^{k} \alpha_i(n) \left(\gamma \cdot f_1(n+i) \right) + \sum_{i=0}^{k} \alpha_i(n) \left(\delta \cdot f_2(n+i) \right)$$

$$= \sum_{i=0}^{k} \alpha_i(n) \left(\gamma \cdot f_1(n+i) \right) + \alpha_i(n) \left(\delta \cdot f_2(n+i) \right)$$

$$= \sum_{i=0}^{k} \alpha_i(n) \left(\gamma \cdot f_1(n+i) + \delta \cdot f_2(n+i) \right)$$

$$= \sum_{i=0}^{k} \alpha_i(n)(\gamma \cdot f_1 + \delta \cdot f_2)(n+i)$$

womit die Behauptung gezeigt ist.   □

Satz 5.2 Es seien f_1 und f_2 Lösungen der inhomogenen Differenzengleichung $\sum_{i=0}^{k} \alpha_i(n) f(n+i) = g(n)$, dann ist die Funktion $f_1 - f_2$ definiert durch $(f_1 - f_2)(m) = f_1(m) - f_2(m)$ Lösung der zugehörigen homogenen Gleichung $\sum_{i=0}^{k} \alpha_i(n) f(n+i) = 0$.

Beweis f_1 und f_2 sind Lösungen der inhomogenen Gleichung, es gilt also

$$\sum_{i=0}^{k} \alpha_i(n) f_1(n+i) = g(n) \text{ sowie } \sum_{i=0}^{k} \alpha_i(n) f_2(n+i) = g(n)$$

Subtrahieren der zweiten von der ersten Gleichung liefert

$$0 = g(n) - g(n)$$

$$= \sum_{i=0}^{k} \alpha_i(n) f_1(n+i) - \sum_{i=0}^{k} \alpha_i(n) f_2(n+i)$$

$$= \sum_{i=0}^{k} \left(\alpha_i(n) f_1(n+i) - \alpha_i(n) f_2(n+i) \right)$$

$$= \sum_{i=0}^{k} \alpha_i(n) \left(f_1(n+i) - f_2(n+i) \right)$$

$$= \sum_{i=0}^{k} \alpha_i(n)(f_1 - f_2)(n+i)$$

womit die Behauptung gezeigt ist.   □

Satz 5.3 Es sei f_1 eine Lösung der Differenzengleichung $\sum_{i=0}^{k} \alpha_i(n) f(n + i) = g_1(n)$, und f_2 sei eine Lösung der Gleichung $\sum_{i=0}^{k} \alpha_i(n) f(n+i) = g_2(n)$, dann ist $f_1 + f_2$ eine Lösung der Gleichung $\sum_{i=0}^{k} \alpha_i(n) f(n + i) = g_1(n) + g_2(n)$.

Beweis   Es gilt

$$\sum_{i=0}^{k} \alpha_i(n) f_1(n + i) = g_1(n) \text{ sowie } \sum_{i=0}^{k} \alpha_i(n) f_2(n + i) = g_2(n)$$

Addition der beiden Gleichungen ergibt

$$g_1(n) + g_2(n) = \sum_{i=0}^{k} \alpha_i(n) f_1(n + i) + \sum_{i=0}^{k} \alpha_i(n) f_2(n + i)$$

$$= \sum_{i=0}^{k} \left(\alpha_i(n) f_1(n + i) + \alpha_i(n) f_2(n + i) \right)$$

$$= \sum_{i=0}^{k} \alpha_i(n) \left(f_1(n + i) + f_2(n + i) \right)$$

$$= \sum_{i=0}^{k} \alpha_i(n) (f_1 + f_2)(n + i)$$

Satz 5.4 Ist f_s eine (sogenannte *spezielle*) Lösung der inhomogenen Differenzengleichung $\sum_{i=0}^{k} \alpha_i(n) f(n+i) = g(n)$, dann lässt sich jede Lösung f der inhomogenen Gleichung darstellen als $f = f_s + f_h$, wobei f_h eine geeignete Lösung der zugehörigen homogenen Gleichung $\sum_{i=0}^{k} \alpha_i(n) f(n+i) = 0$ ist.

Beweis   Dieser Satz folgt unmittelbar aus Satz 5.3.   □

Der Satz besagt, dass eine allgemeine Lösung der inhomogenen Gleichung die Summe einer speziellen Lösung der inhomogenen und der allgemeinen Lösung der homogenen Gleichung ist. Allgemeine Lösung heißt, dass diese Lösung Parameter enthält. Durch Wahl von Parameterwerten erhält man jede konkrete Lösung. Wir benötigen also zum einen Verfahren für die Bestimmung irgendeiner Lösung der inhomogenen Gleichung sowie zum anderen Verfahren für die Bestimmung der allgemeinen Lösung der homogenen Gleichung. Die Lösungsfunktion f wird durch die Differenzengleichung nur für $n \geq k$ festgelegt. Zur eindeutigen Bestimmung der Lösung werden die *Anfangswerte* $f(0), f(1), \ldots, f(k-1)$ benötigt. Diese sind im Prinzip frei wählbar, in aller Regel aber durch das gegebene Problem, welches durch die Differenzengleichung beschrieben wird, vorgegeben, wie z.B. $F(0) = 0$ und $F(1) = 1$ bei der Fibonacci-Folge.

5.3 Lösungsverfahren

Wir betrachten in diesem Abschnitt Lösungsverfahren für inhomogene Differenzengleichungen mit konstanten Koeffizienten vom Grad k, also Gleichungen der Art $\sum_{i=0}^{k} \alpha_i f(n+i) =$

$$\alpha_k f(n+k) + \ldots + \alpha_1 f(n+1) + \alpha_0 f(n) = g(n) \tag{5.7}$$

Dabei sei $\alpha_k \neq 0$ und $\alpha_0 \neq 0$. Wäre $\alpha_k = 0$, dann entfällt das höchste Glied und die Gleichung hat einen niedrigeren Grad als k. Ist $\alpha = 0$, dann erhält man durch eine Argument- und Indexverschiebung $k \to k-1$ ebenfalls eine Gleichung von niedrigerem Grad.

5.3.1 Lösungsverfahren für homogene Differenzengleichungen

Wir betrachten zunächst ein Verfahren zur Bestimmung der allgemeinen Lösung der homogenen Differenzengleichung vom Grad k mit konstanten Koeffizienten

$$\alpha_k f(n+k) + \ldots + \alpha_1 f(n+1) + \alpha_0 f(n) = 0 \tag{5.8}$$

Dazu setzen wir $f(n) = \lambda^n$. Dabei sei $\lambda \neq 0$, denn $f(0) = 0$ ist immer eine Lösung der homogenen Gleichung (5.8). Wir setzen in (5.8) λ^m für $f(m)$ ein und erhalten

$$\alpha_k \lambda^{n+k} + \alpha_{k-1} \lambda^{n+k-1} + \ldots + \alpha_1 \lambda + \alpha_0 = 0$$

Charakteristische Gleichung

Da $\lambda \neq 0$ ist, können wir durch λ^n dividieren und erhalten

$$\alpha_k \lambda^k + \alpha_{k-1} \lambda^{k-1} + \ldots + \alpha_1 \lambda + \alpha_0 = 0 \tag{5.9}$$

Um λ zu bestimmen, müssen wir also die Nullstellen des Polynoms $\sum_{i=0}^{k} \alpha_i \lambda^i$ finden. Da $\alpha_k \neq 0$ ist, hat dieses Polynom den Grad k, und da $\alpha_0 \neq 0$ ist, ist 0 keine Nullstelle. Die Gleichung (5.9) heißt *charakteristische Gleichung* und

Charakteristisches Polynom

$$p_f(\lambda) = \sum_{i=0}^{k} \alpha_i \lambda^i$$

das *charakteristische Polynom* der Differenzengleichung (5.7). Ist λ eine Nullstelle des charakteristischen Polynoms, so ist $f(n) = \lambda^n$ eine Lösung der homogenen Differenzengleichung (5.9). Verschiedene Nullstellen des charakteristischen Polynoms ergeben verschiedene Lösungen für (5.9). Gemäß Satz 5.1 ist dann jede Linearkombination dieser Lösungen ebenfalls eine Lösung. Aus diesen Überlegungen ergibt sich unmittelbar der folgende Satz.

Satz 5.5 Sind alle Nullstellen $\lambda_1, \lambda_2, \ldots, \lambda_k$ des charakteristischen Polynoms der linearen Differenzengleichung vom Grad k mit konstanten Koeffizienten (5.7) verschieden, dann ist die allgemeine Lösung der zugehörigen homogenen Gleichung (5.8) gegeben durch

$$f_h(n) = A_1\lambda_1^n + A_2\lambda_2^n + \ldots + A_k\lambda_k^n \qquad (5.10)$$

Dabei sind A_i, $1 \leq i \leq k$, (frei wählbare) Parameter.   □

Allgemeine Lösung der homogenen Gleichung

 Übungsaufgaben

5.1 Rechnen Sie ohne Kenntnis von Satz 5.1 nach, dass (5.10) eine Lösung von (5.8) ist!   □

Sind k Anfangswerte $f(0), \ldots, f(k-1)$ gegeben, können eindeutig Werte für die Parameter $A_1, \ldots, A_k$ durch Lösen des folgenden linearen Gleichungssystems gefunden werden:

$$
\begin{array}{ccccccccc}
A_1\lambda_1^0 & + & A_2\lambda_2^0 & + & \ldots & + & A_k\lambda_k^0 & = & f(0) \\
A_1\lambda_1^1 & + & A_2\lambda_2^1 & + & \ldots & + & A_k\lambda_k^1 & = & f(1) \\
 & & & & \vdots & & & \vdots & \vdots \\
A_1\lambda_1^{k-1} & + & A_2\lambda_2^{k-1} & + & \ldots & + & A_k\lambda_k^{k-1} & = & f(k-1)
\end{array}
$$

Die Koeffizientenmatrix dieses Gleichungssystems

$$
\begin{pmatrix}
1 & 1 & \ldots & 1 \\
\lambda_1^1 & \lambda_2^1 & \ldots & \lambda_k^1 \\
\vdots & \vdots & \vdots & \vdots \\
\lambda_1^{k-1} & \lambda_2^{k-1} & \ldots & \lambda_k^{k-1}
\end{pmatrix}
\qquad (5.11)
$$

stellt die Transponierte der Vandermonde-Matrix dar:

Vandermonde-Matrix

$$
V(\lambda_1, \lambda_2, \ldots, \lambda_k) =
\begin{pmatrix}
1 & \lambda_1^1 & \lambda_1^2 & \ldots & \lambda_1^{k-1} \\
1 & \lambda_2^1 & \lambda_2^2 & \ldots & \lambda_2^{k-1} \\
\vdots & \vdots & \vdots & \ddots & \vdots \\
1 & \lambda_k^1 & \lambda_k^2 & \ldots & \lambda_k^{k-1}
\end{pmatrix}
\qquad (5.12)
$$

Ihre Determinante ist

$$\det(V(\lambda_1, \lambda_2, \ldots, \lambda_k)) = \prod_{k \geq j > i \geq 1} (\lambda_j - \lambda_i)$$

Diese ist ungleich Null, da $\lambda_i \neq \lambda_i$ für $i \neq j$, $1 \leq i, j \leq k$, ist, woraus folgt, dass das Gleichungssystem eindeutig lösbar ist.

 Übungsaufgaben

5.2 Lösen Sie die homogene Differenzengleichung

$$f(n+2) - 5 \cdot f(n+1) + 6 \cdot f(n) = 0$$

mit den Anfangswerten

(1) $f(0) = 0$ und $f(1) = 2$,

(2) $f(0) = 1$ und $f(2) = 2!$ □

Fibonacci-Folge

Wir wenden nun das oben vorgestellte Lösungsverfahren auf die eingangs des Kapitels vorgestellte Fibonacci-Folge an.

 Übungsaufgaben

5.3 Lösen Sie mit dem vorgestellten Verfahren die homogene lineare Differenzengleichung mit konstanten Koeffizienten vom Grad 2, die die Fibonacci-Folge beschreibt:

$$F_{n+2} - F_{n+1} - F_n = 0, \quad F(0) = 0, F(1) = 1$$

□

Die charakteristische Gleichung ist

$$\lambda^2 - \lambda - 1 = 0 \tag{5.13}$$

Die beiden Lösungen dieser quadratischen Gleichung sind

$$\lambda_1 = \frac{1}{2}\left(1 + \sqrt{5}\right) \text{ und } \lambda_2 = \frac{1}{2}\left(1 - \sqrt{5}\right)$$

Damit ergibt sich die allgemeine Lösung

$$F_h(n) = A_1 \cdot \frac{1}{2}\left(1 + \sqrt{5}\right)^n + A_2 \cdot \frac{1}{2}\left(1 - \sqrt{5}\right)^n$$

Wir berechnen Werte für A_1 und A_2 mithilfe der Anfangswerte $F(0) = 0$ und $F(1) = 1$:

$$A_1 + A_2 = 0 = F_h(0)$$

$$A_1 \cdot \frac{1}{2}\left(1 + \sqrt{5}\right) + A_2 \cdot \frac{1}{2}\left(1 - \sqrt{5}\right) = 1 = F_h(1)$$

Man erhält als Lösungen

$$A_1 = \frac{1}{\sqrt{5}} \text{ sowie } A_2 = -\frac{1}{\sqrt{5}}$$

Insgesamt ergibt sich für $n \geq 0$ die Lösung

$$F(n) = \frac{1}{\sqrt{5}}\left(\frac{1 + \sqrt{5}}{2}\right)^n - \frac{1}{\sqrt{5}}\left(\frac{1 - \sqrt{5}}{2}\right)^n$$

$$= \frac{1}{\sqrt{5}}\left[\left(\frac{1 + \sqrt{5}}{2}\right)^n - \left(\frac{1 - \sqrt{5}}{2}\right)^n\right] \qquad (5.14)$$

Testen Sie das Ergebnis, indem Sie diesen Ausdruck für $0 \leq n \leq 10$ auswerten und mit den Werten vergleichen, die sich mit Verwendung der Rekursionsgleichung ergeben!

Da $\left|\frac{1-\sqrt{5}}{2}\right| < \frac{1}{2}$ ist, gilt sogar

$$F(n) = round\left(\frac{1}{\sqrt{5}}\left(\frac{1 + \sqrt{5}}{2}\right)^n\right)$$

wobei *round* die übliche Rundungsfunktion ist, d.h. $round(x)$ für $x \in \mathbb{R}$ ist die zu x nächstgelegene ganze Zahl.

Goldener Schnitt

Die Zahl

Goldener
Schnitt

$$\phi = \lambda_1 = \frac{1 + \sqrt{5}}{2} = 1{,}61803\ldots \qquad (5.15)$$

stellt den sogenannten *Goldenen Schnitt* dar, eine Zahl mit fundamentaler Bedeutung in der gesamten Mathematik als auch in Naturwissenschaften und Kunst. Sie war schon Gegenstand intensiver Untersuchung und Verwendung in der Antike. Sie hat einen Ursprung in folgender Problemstellung: Gegeben sei ein Rechteck mit den Seitenlängen a und b mit $a \geq b$. Welches Verhältnis $\frac{a}{b}$ müssen die beiden Seiten haben, so dass, wenn man vom Rechteck das Quadrat $a \cdot a$ abschneidet, die Seiten b und $a - b$ des verbleibenden Rechtecks dasselbe Verhältnis haben, dass also gilt $\frac{a}{b} = \frac{b}{a-b}$? Setzt man $x = \frac{a}{b}$, dann muss $x = \frac{1}{x-1}$ sein. Es folgt, dass x die Gleichung $x^2 - x - 1 = 0$ erfüllen muss, und das ist genau die charakteristische Gleichung (5.13) der Fibonacci-Folge. Rechtecke, wie z.B. Grundrisse oder Kirchenfenster, deren Seiten im Verhältnis ϕ stehen, galten schon bei den Griechen als besonders ästhetisch. So findet sich der Goldene Schnitt in vielen Gebäuden, Gemälden und in anderen Kunstwerken. Aber auch in der Natur – nicht nur beim Kaninchenbeispiel –, in der Physik und in der Informatik begegnet man der Fibonacci-Folge immer wieder. Es gibt eine eigene wissenschaftliche Zeitschrift zum Thema Fibonacci-Folgen.

Setzt man

$$\hat{\phi} = \lambda_2 = \frac{1 - \sqrt{5}}{2} = -0{,}61803\ldots$$

dann gilt

$$F(n) = \frac{1}{\sqrt{5}}(\phi^n - \hat{\phi}^n)$$

Des Weiteren gilt[11]

$$\phi + \hat{\phi} = 1 \text{ sowie } \hat{\phi} = -\phi^{-1} \text{ und damit } \phi \cdot \hat{\phi} = -1$$

 ### Übungsaufgaben

5.4 (1) Überlegen Sie, dass ϕ und $\hat{\phi}$ denselben Dezimalanteil haben!

(2) Beweisen Sie, dass

$$F_{n+1} = \sum_{k=0}^{n} \binom{n-k}{k}$$

für $n \in \mathbb{N}_0$ gilt! $\square$

---

11 Siehe auch Folgerung 5.1 a) bzw. c).

Satz von Lamé

Mithilfe der Fibonacci-Folge kann man auch beweisen, dass die Anzahl der Divisionen, die auszuführen sind, um mit dem *Euklidischen Algorithmus* den größten gemeinsamen Teiler $t = (a, b)$ von zwei Zahlen $a, b \in \mathbb{N}$ mit o.B.d.A. $a > b$ zu bestimmen,[12] kleiner als das Fünffache der Stellenzahl von b ist. t ist größter gemeinsamer Teiler von a und b, falls t Teiler von a und b ist und falls für jeden weiteren Teiler t' von a und b gilt, dass t' auch ein Teiler von t ist.

Euklidischer Algorithmus

Der Euklidische Algorithmus basiert auf der Tatsache, dass zu $x \in \mathbb{Z}$ und $y \in \mathbb{N}$ eindeutig Zahlen $q \in \mathbb{Z}$ (Quotient) und $r \in \mathbb{N}_0$ (Rest) existieren mit $x = yq + r$ und $0 \le r < b$.[13] Der Algorithmus verfährt wie folgt: Es wird $r_0 = a$ und $r_1 = b$ gesetzt und q_{i+1} und r_{i+2} für $i \ge 0$ bestimmt mit

$$r_i = r_{i+1} q_{i+1} + r_{i+2}, \text{ mit } 0 \le r_{i+2} < r_{i+1}$$

Die Reste r_i werden bei jedem Schritt echt kleiner, bleiben aber größer gleich Null: $0 \le r_{i+1} < r_i$, $i \ge 0$. Es folgt, dass ein Rest irgendwann Null wird und damit das Verfahren stoppt, d.h. es gibt ein $n \ge 1$ mit $r_{n+1} = 0$. Es gilt dann: $r_n = (a, b)$, d.h. der letzte Rest ungleich Null ist der größte gemeinsame Teiler von a und b,[14] und n ist die Anzahl der durchgeführten Divisionen.

Da $r_i > r_{i+1}$, $0 \le i \le n$, ist, gilt $q_i \ge 1$, $1 \le i \le n$. Es folgt

$$r_i \ge r_{i+1} + r_{i+2},\, 0 \le i \le n - 1 \tag{5.16}$$

Des Weiteren gilt $r_{n+1} = 0 = F(0)$ und $r_n > r_{n+1}$, also $r_n \ge 1 = F(1)$. Mit (5.16) folgt

$$
\begin{aligned}
r_{n-1} &\ge r_n + r_{n+1} &&\ge 1 + 0 = F(1) + F(0) = F(2) = 1 \\
r_{n-2} &\ge r_{n-1} + r_n &&\ge 1 + 1 = F(2) + F(1) = F(3) = 2 \\
r_{n-3} &\ge r_{n-2} + r_{n-1} &&\ge 2 + 1 = F(3) + F(2) = F(4) = 3 \\
r_{n-4} &\ge r_{n-3} + r_{n-2} &&\ge 3 + 2 = F(4) + F(3) = F(5) = 5 \\
&\;\;\vdots
\end{aligned}
$$

Allgemein gilt für $0 \le k \le n - 1$:

$$r_{n-(k+1)} \ge F(k + 2) = F(k + 1) + F(k)$$

Daraus folgt

$$b = r_1 \ge F(n) = F(n - 1) + F(n - 2) \tag{5.17}$$

---

12 Ist $a < b$, dann vertauschen wir die Werte von a und b; ist $a = b$, dann gilt $a = b = (a, b)$.

13 Einen Beweis dafür findet man in Witt. 2007.

14 Einen Beweis dafür findet man in Witt, 2007.

d.h.

$$b \geq \frac{1}{\sqrt{5}}\left[\left(\frac{1+\sqrt{5}}{2}\right)^n - \left(\frac{1-\sqrt{5}}{2}\right)^n\right] > \frac{1}{\sqrt{5}}\left[\left(\frac{1+\sqrt{5}}{2}\right)^n - 1\right]$$

Hieraus folgt

$$\left(\frac{1+\sqrt{5}}{2}\right)^n < b\sqrt{5} + 1 < (b+1)\sqrt{5}$$

d.h. mit (5.15)

$$\phi^n < (b+1)\sqrt{5} \tag{5.18}$$

Es gilt, da $\sqrt{5} < 3$ ist

$$\sqrt{5} = \frac{\sqrt{5}}{2} + \frac{\sqrt{5}}{2} < \frac{3}{2} + \frac{\sqrt{5}}{2} = \left(\frac{1+\sqrt{5}}{2}\right)^2$$

und damit aus (5.18)

$$\phi^n < (b+1)\left(\frac{1+\sqrt{5}}{2}\right)^2 = (b+1)\phi^2$$

und daraus

$$\phi^{n-2} < b+1 \tag{5.19}$$

Hieraus folgt[15]

$$n - 2 < \log_\phi(b+1) = \log_\phi 10 \cdot \log_{10}(b+1) < 5\log_{10}(b+1) \tag{5.20}$$

Sei nun b eine ℓ-stellige Zahl, d.h.

$$10^{\ell-1} \leq b < b+1 \leq 10^\ell$$

und damit

$$\log_{10}(b+1) \leq \ell \tag{5.21}$$

Aus (5.20) und (5.21) folgt

$$n < 5\ell + 2 \tag{5.22}$$

wobei n die Anzahl der Reste ist, die der Euklidische Algorithmus für die Anfangswerte $r_0 = a$ und $r_1 = b$ berechnet.

Damit haben wir letztendlich folgenden Satz von Lamé[16] bewiesen.

---

15 Wir verwenden hier die Eigenschaft, dass sich die Logarithmen einer Zahl x zu zwei Basen α und β nur um einen konstanten Faktor unterscheiden. Aus $x = x$ folgt $\alpha^{\log_\alpha x} = \beta^{\log_\beta x} = \alpha^{\log_\alpha \beta \cdot \log_\beta x}$ und daraus durch Vergleich der Exponenten $\log_\alpha x = \log_\alpha \beta \cdot \log_\beta x$.

16 Gabriel Léon Jean Baptiste Lamé (1795 - 1870), französischer Mathematiker, leistete wesentliche Beiträge zur Differentialgeometrie und mathematischen Physik.

Satz 5.6 Sei $a, b \in \mathbb{N}$ mit $a > b$, ℓ die Stellenzahl von b (im Dezimal-system) und n die Anzahl der Reste, die der Euklidische Algorithmus bei Eingabe von a und b berechnet. Dann gilt

a) wegen (5.22) $n < 5\ell + 2$,

b) für die Laufzeit T_{Euklid} des Euklidischen Algorithmus wegen(5.20) und (5.21):
$$T_{Euklid}(a, b) = T_{Euklid}(b) = \mathcal{O}(\log b) = \mathcal{O}(\ell)$$

d.h. die Anzahl der Iterationen des Euklidischen Algorithmus ist unabhängig von a und größenordnungsmäßig gleich der Stellenzahl von b.   □

Charakteristische Gleichungen mit mehrfachen Nullstellen

Unser bisheriger Ansatz zur Lösung einer homogenen Differenzengleichung (siehe Satz 5.5) geht davon aus, dass die zugehörige charakteristische Glei-chung verschiedene Nullstellen besitzt. Wir betrachten nun den Fall, dass die Gleichung mehrfache Nullstellen hat. Falls eine Nullstelle λ des charak-teristischen Polynoms r-fach vorkommt, dann sind λ^n, $n \cdot \lambda^n$, $n^2 \cdot \lambda^n$, ..., $n^{r-1} \cdot \lambda^n$ Lösungen der Differenzengleichung. Allgemein gilt: Hat ein cha-rakteristisches Polynom mit dem Grad k s verschiedene Nullstellen λ_1, ..., λ_s, $1 \leq s \leq k$, und ist λ_i, $1 \leq i \leq s$, eine r_i-fache Nullstelle – es muss also $\sum_{i=1}^{s} r_i = k$ sein –, dann ist

$$\begin{aligned}
f_h(n) &= \sum_{i=1}^{s} \left(\sum_{j=0}^{r_i-1} A_{ij} \cdot n^j \right) \cdot \lambda_i^n \\
&= (A_{10} + A_{11} \cdot n + A_{12} \cdot n^2 + \ldots + A_{1r_1-1} \cdot n^{r_1-1}) \cdot \lambda_1^n \\
&\quad + (A_{20} + A_{21} \cdot n + A_{22} \cdot n^2 + \ldots + A_{2r_2-1} \cdot n^{r_2-1}) \cdot \lambda_2^n \\
&\quad + \ldots \\
&\quad + (A_{s0} + A_{s1} \cdot n + A_{s2} \cdot n^2 + \ldots + A_{sr_s-1} \cdot n^{r_s-1}) \cdot \lambda_s^n
\end{aligned} \tag{5.23}$$

eine allgemeine Lösung der zugehörigen homogenen Differenzengleichung. Satz 5.5 behandelt den Spezialfall $s = k$ und $r_i = 1$ für alle i. Die insgesamt k Parameter A_{ij} bestimmt man wie im Spezialfall mithilfe der k Anfangswerte.

Lösen Sie nun, bevor Sie das folgende Beispiel studieren, mit dem vorge-stellten Verfahren die folgende homogene lineare Differenzengleichung

$$f(n+4) - 5f(n+3) + 9f(n+2) - 7f(n+1) + 2f(n) = 0$$

mit den Anfangswerten $f(0) = 0$, $f(1) = 2$, $f(2) = 4$ und $f(3) = 8$!

Beispiel 5.1 Die charakteristische Gleichung ist

$$\lambda^4 - 5\lambda^3 + 9\lambda^2 - 7\lambda + 2 = 0$$

Ihre Lösungen sind $\lambda_1 = 1$ und $\lambda_2 = 2$, wobei λ_1 eine dreifache Nullstelle ist. Wir erhalten als allgemeine Lösung

$$f_h(n) = (A \cdot n^2 + B \cdot n + C) \cdot 1^n + D \cdot 2^n$$

Mithilfe der Anfangswerte bestimmen wir die Parameter A, B, C und D, indem wir das folgende Gleichungssystem lösen:

$$
\begin{array}{rcrcrcrcccl}
       &   &   &   & C & + & D & = & 0 & = & f(0) \\
A   & + & B   & + & C & + & 2D & = & 2 & = & f(1) \\
4A   & + & 2B   & + & C & + & 4D & = & 4 & = & f(2) \\
9A   & + & 3B   & + & C & + & 8D & = & 8 & = & f(3)
\end{array}
$$

Die Lösungen sind $A = -1$, $B = 1$, $C = -2$ und $D = 2$. Damit ergibt sich die Lösung

$$f(n) = (-n^2 + n - 2) \cdot 1^n + 2 \cdot 2^n = -n^2 + n - 2 + 2^{n+1}$$

Testen Sie wieder diese Lösung, indem Sie etwa die Funktionswerte für $0 \leq n \leq 6$ ausrechnen und diese mit den Werten vergleichen, die Sie bekommen, wenn Sie die Werte mit der Differenzengleichung bestimmen! □

 Übungsaufgaben

5.5 (1) Lösen Sie die homogene Differenzengleichung

$$f(n+4) - 10f(n+3) + 37f(n+2) - 60f(n+1) + 36f(n) = 0$$

mit den Anfangswerten $f(0) = 0$, $f(1) = 1$, $f(2) = 2$ und $f(3) = 3$!

(2) Lösen Sie die homogene Differenzengleichung

$$f(n+3) - f(n+2) - f(n-1) + f(n) = 0$$

mit den Anfangswerten $f(0) = f(1) = 0$ und $f(2) = 1$![17] □

Wir wollen noch verifizieren, warum der Ansatz (5.23) zum Erfolg führt. Wegen der Voraussetzung, dass die Nullstellen λ_i, $1 \leq i \leq s$, r_i-fache Nullstellen sind, folgt, dass die charakteristische Gleichung der gegebenen homogenen Gleichung (5.8) wie folgt geschrieben werden kann:

$$(\lambda - \lambda_1)^{r_1} \cdot (\lambda - \lambda_2)^{r_2} \cdot \ldots \cdot (\lambda - \lambda_s)^{r_s} = 0 \tag{5.24}$$

---

17 Diese Gleichung beschreibt das Kaninchenwachstum für den Fall, dass jeden Monat jeweils die drei Monate alten Kaninchen sterben.

Für den i-ten Faktor gilt

$$(\lambda - \lambda_i)^{r_i} = \sum_{j=0}^{r_i} \binom{r_i}{j} \lambda^j (-\lambda_i)^{r_i-j}$$

Eingesetzt in (5.24) ergibt sich:

$$\left(\sum_{j=0}^{r_1} \binom{r_1}{j} \lambda^j (-\lambda_1)^{r_1-j} \right) \cdot \left(\sum_{j=0}^{r_2} \binom{r_2}{j} \lambda^j (-\lambda_2)^{r_2-j} \right) \cdot$$

$$\cdots \cdot \left(\sum_{j=0}^{r_s} \binom{r_s}{j} \lambda^j (-\lambda_s)^{r_s-j} \right) = 0$$

Daraus ergibt sich, dass die homogene Gleichung (5.8) in der Form

$$\left(\sum_{j=0}^{r_1} \binom{r_1}{j} (-\lambda_1)^{r_1-j} f(n+j) \right) \cdot \left(\sum_{j=0}^{r_2} \binom{r_2}{j} (-\lambda_2)^{r_2-j} f(n+j) \right) \cdot$$

$$\cdots \cdot \left(\sum_{j=0}^{r_s} \binom{r_s}{j} (-\lambda_s)^{r_s-j} f(n+j) \right) = 0$$

geschrieben werden kann. Wir zeigen nun, dass die Teilsumme von (5.23)

$$f_{h_i}(n) = \left(A_{i0} + A_{i1} \cdot n + A_{i2} n^2 + \ldots + A_{ir_i-1} n^{r_i-1} \right) \cdot \lambda_i^n = \lambda_i^n \cdot \sum_{k=0}^{r_i-1} A_{ik} n^k$$

eingesetzt für $f(n+j)$ im i-ten Faktor diesen zu 0 macht:

$$\sum_{j=0}^{r_i} \binom{r_i}{j} (-\lambda_i)^{r_i-j} \cdot \lambda_i^{n+j} \cdot \sum_{k=0}^{r_i-1} A_{ik} (n+j)^k \overset{!}{=} 0$$

Aus schreibtechnischen Gründen setzen wir $r = r_i$, $a = \lambda_i$ und $A_k = A_{ik}$, d.h. wir müssen zeigen, dass

$$\sum_{j=0}^{r} \binom{r}{j} (-a)^{r-j} \cdot a^{n+j} \cdot \sum_{k=0}^{r-1} A_k (n+j)^k \overset{!}{=} 0$$

gilt. Es ist

$$\sum_{j=0}^{r} \binom{r}{j} (-a)^{r-j} \cdot a^{n+j} \cdot \sum_{k=0}^{r-1} A_k (n+j)^k = a^{n+r} \cdot \sum_{j=0}^{r} \binom{r}{j} (-1)^{r-j} \cdot \sum_{k=0}^{r-1} A_k (n+j)^k$$

Somit müssen wir zeigen, dass

$$\sum_{j=0}^{r} \binom{r}{j} (-1)^{r-j} \cdot \sum_{k=0}^{r-1} A_k (n+j)^k \overset{!}{=} 0 \qquad (5.25)$$

also dass

$$\sum_{j=0}^{r} \binom{r}{j} (-1)^{r-j} \cdot \sum_{k=0}^{r-1} A_k \sum_{q=0}^{k} \binom{k}{q} n^{k-q} j^q \stackrel{!}{=} 0 \qquad (5.26)$$

gilt. Das tun wir, indem wir zeigen, dass jede Teilsumme, in der A_k als Faktor vorkommt, gleich 0 ist, d.h. wir zeigen, dass

$$\sum_{j=0}^{r} \binom{r}{j} (-1)^{r-j} \cdot \sum_{q=0}^{k} \binom{k}{q} n^{k-q} j^q = 0 \qquad (5.27)$$

für alle $k \geq 0$ gilt. Wir zeigen dies mithilfe vollständiger Induktion über k. Für $k = 0$ gilt

$$\sum_{j=0}^{r} \binom{r}{j} (-1)^{r-j} \cdot \sum_{q=0}^{0} \binom{0}{q} n^{0-q} j^q = \sum_{j=0}^{r} \binom{r}{j} (-1)^{r-j} = (1-1)^r = 0$$

womit der Induktionsanfang gezeigt ist. Wir nehmen an, dass die Behauptung (5.27) für ein k gilt und zeigen im Folgenden, dass dann die Behauptung auch für $k+1$ gilt:

$$\sum_{j=0}^{r} \binom{r}{j} (-1)^{r-j} \cdot \sum_{q=0}^{k+1} \binom{k+1}{q} n^{k+1-q} j^q$$

$$= \sum_{j=0}^{r} \binom{r}{j} (-1)^{r-j} \cdot \left[\sum_{q=0}^{k+1} \binom{k}{q} n^{k+1-q} j^q + \sum_{q=0}^{k+1} \binom{k}{q-1} n^{k+1-q} j^q \right]$$

$$= \sum_{j=0}^{r} \binom{r}{j} (-1)^{r-j} \cdot \left[n \cdot \sum_{q=0}^{k} \binom{k}{q} n^{k-q} j^q + \sum_{q=1}^{k+1} \binom{k}{q-1} n^{k+1-q} j^q \right]$$

$$= \sum_{j=0}^{r} \binom{r}{j} (-1)^{r-j} \cdot \left[n \cdot \sum_{q=0}^{k} \binom{k}{q} n^{k-q} j^q + n \cdot \sum_{q=0}^{k} \binom{k}{q} n^{k-q} j^q \right]$$

$$= 2n \cdot \sum_{j=0}^{r} \binom{r}{j} (-1)^{r-j} \cdot \sum_{q=0}^{k} \binom{k}{q} n^{k-q} j^q$$

$$= 2n \cdot 0 \qquad \text{(wegen Induktionsannahme)}$$

$$= 0$$

Der Ansatz (5.23) ist also korrekt.

5.3.2   Lösungsverfahren für inhomogene Differenzengleichungen

Für die Lösung von inhomogenen Gleichungen

$$\alpha_k f(n+k) + \ldots + \alpha_1 f(n+1) + \alpha_0 f(n) = g(n) \qquad (5.28)$$

müssen wir jetzt noch eine spezielle Lösung f_s für diese finden. Wir werden zwei Fälle betrachten: Die Funktion $g(n)$, die auch *Störfunktion* genannt wird, ist ein Polynom in n, oder $g(n)$ ist eine Potenz $c \cdot a^n$, $a, c \in \mathbb{R}$, $a \neq 0$, $c \neq 0$. Wie wir sehen werden, ist im Prinzip der Lösungsansatz für beide Fälle analog.   **Störfunktion**

Störfunktion: Polynom

Sei $g(n) = \sum_{i=0}^{t} a_i n^i$ ein Polynom vom Grad t, dann gehen wir davon aus, dass die spezielle Lösung ein Polynom vom Grad $r \geq t$ ist, von dem wir allerdings die Koeffizienten nicht kennen:

$$f_s(n) = \sum_{i=0}^{r} B_i n^i$$

Wir setzen nun in (5.28) für f dieses Polynom jeweils mit dem richtigen Argument ein und erhalten

$$\alpha_k \cdot \sum_{i=0}^{r} B_i(n+k)^i + \ldots + \alpha_1 \cdot \sum_{i=0}^{r} B_i(n+1)^i + \alpha_0 \cdot \sum_{i=0}^{r} B_i n^i = g(n)$$

Auf der linken Seite steht (zusammengefasst) ein Polynom vom Grad r, dessen r Koeffizienten B_i wir nicht kennen, und auf der rechten Seite steht das Polynom g vom Grad t, dessen Koeffizienten bekannt sind. Somit können wir die unbekannten Koeffizienten durch Koeffizientenvergleich bestimmen.

Wir betrachten als Beispiel die Differenzengleichung (5.2):

$$f(n+1) - 2f(n) = 2n - 1, \ f(0) = 1 \qquad (5.29)$$

 ### Übungsaufgaben

5.6 Bestimmen Sie zunächst die allgemeine Lösung dieser homogenen Gleichung!   □

Die charakteristische Gleichung ist $\lambda - 2 = 0$, ihre Lösung ist $\lambda = 2$, und damit ist die allgemeine Lösung der homogenen Gleichung

$$f_h(n) = A \cdot 2^n \tag{5.30}$$

Wir bestimmen jetzt noch nicht A mithilfe des Anfangswertes, sondern A wird erst bestimmt, wenn wir die spezielle Lösung $f_s(n)$ der inhomogenen Gleichung gefunden haben, denn wir müssen wir ja für die gesamte Gleichung ein korrektes A bestimmen.

Für unser Beispiel ist $g(n) = 2n - 1$, also ein Polynom vom Grad 1. Wir setzen die spezielle Lösung f_s ebenfalls als Polynom ersten Grades an: $f_s(n) = Bn + C$. Einsetzen in (5.29) ergibt

$$B(n + 1) + C - 2(Bn + C) = 2n - 1$$

Zusammenfassen der Glieder auf der linken Seite ergibt

$$-Bn + B - C = 2n - 1$$

Koeffizientenvergleich ergibt, dass $B = -2$ und $B - C = -1$, also $C = -1$ sein muss. Es ergibt sich also die spezielle Lösung $f_s(n) = -2n - 1$. Gemäß Satz 5.4 ergibt die Addition dieser speziellen Lösung mit der allgemeinen Lösung (5.30) der homogenen Gleichung die allgemeine Lösung der inhomogenen Gleichung:

$$f(n) = A \cdot 2^n - 2n - 1$$

Mithilfe des Anfangswertes $f(0) = 1$ bestimmen wir nun den Wert für A: Es ist

$$f(0) = 1 = A \cdot 2^0 - 2 \cdot 0 - 1 = A - 1$$

und damit $A = 2$. Wir erhalten also für die Differenzengleichung (5.29) die Lösung $f(n) = 2^{n+1} - 2n - 1$ und damit für unser Anwendungsbeispiel (5.2) die Lösung

$$T_A(n) = 2^{n+1} - 2n - 1$$

 Übungsaufgaben

5.7 (1) Gegeben seien die ersten vier Glieder der Folge $\{a_n\}_{n \geq 0}$: $6, 13, 27,$ $55, \ldots$ Wie könnten die weiteren Folgenglieder lauten? Geben sie eine (nicht rekursive) Berechnungsvorschrift für die Folgenglieder a_n an!

Türme von Hanoi

(2) Das Problem *Türme von Hanoi* lautet wie folgt: Es sind drei Stäbe A, B und C gegeben. Auf A liegt ein Stapel von n Scheiben unterschiedlicher Größe der Größe nach sortiert, so dass die größte Scheibe unten und die kleinste oben auf dem Stapel liegt. Die Aufgabe ist nun,

die Scheiben auf den Stab C zu stapeln. Dabei dürfen alle drei Stäbe genutzt werden. Zu beachten ist, dass immer für alle drei Stäbe die Bedingung erfüllt ist, dass niemals eine größere Scheibe oberhalb einer kleineren liegt.

Ein rekursiver Algorithmus, der das Problem löst, ist der folgende: Falls $n = 0$ ist, ist nichts zu tun. Falls $n \geq 1$ ist, legen wir die $n - 1$ oberen Scheiben von A nach B und benutzen dabei C als Hilfsstapel. Jetzt legen wir die unterste (die größte) Scheibe von A nach C. Anschließend legen wir die $n - 1$ Scheiben von B nach C und benutzen dabei A als Hilfsstapel.

Wie oft werden bei diesem Verfahren insgesamt Scheiben bewegt? □

Im obigen Beispiel und in der folgenden Übung haben wir für die spezielle Lösung ein Polynom für die spezielle Lösung mit einem Grad gewählt, der gleich dem Grad des Polynoms $g(n)$ ist. Dies führt nicht immer zum Ziel. Betrachten wir dazu das Beispiel

$$f(n + 1) - f(n) = n, \ f(0) = 0 \tag{5.31}$$

Die charakteristische Gleichung ist $\lambda - 1 = 0$, sie hat die Lösung $\lambda = 1$. Die allgemeine Lösung für die homogene Gleichung ist somit $f_h(n) = A \cdot 1^n = A$. Wählen wir als spezielle Lösung $f_s(n) = Bn + C$, ein Polynom vom Grad 1, weil n ein Polynom vom Grad 1 ist, und setzen diese in (5.31) ein, erhalten wir

$$B(n + 1) + C - (Bn + C) = n \text{ und damit } B = n$$

was uns nicht weiterhilft. Wir versuchen es mit einem Polynom vom Grad 2: $f_s(n) = Bn^2 + Cn + D$. Einsetzen in (5.31) liefert

$$B(n + 1)^2 + C(n + 1) + D - (Bn^2 + Cn + D) = n \text{ und damit } 2Bn + C = n$$

Koeffizientenvergleich ergibt $2B = 1$ und $B + C = 0$, woraus $B = \frac{1}{2}$ und $C = -\frac{1}{2}$ folgt. Wir erhalten also die allgemeine Lösung

$$f(n) = A + \frac{1}{2}n^2 - \frac{1}{2}n = A + \frac{n(n - 1)}{2}$$

Mithilfe des Anfangswertes $f(0) = 0$ erhalten wir $A = 0$ und damit die Lösung

$$f(n) = \frac{n(n - 1)}{2} \tag{5.32}$$

für die Gleichung (5.31). Sie beschreibt die Summe der Zahlen von 1 bis $n - 1$.

Übungsaufgaben

Bubble sort   5.8 (1) Das Sortierverfahren *Bubble sort*, welches ein Feld $S[1 \ldots n]$ von
Schlüsseln aufsteigend sortiert (d.h. am Ende ist $S(i) \leq S(i + 1)$,
$1 \leq i \leq n$), kann rekursiv wie folgt formuliert werden: Falls $n = 1$ ist, ist nichts zu tun. Für $n \geq 2$ wird das Feld von hinten nach
vorne durchlaufen. Dabei werden die benachbarten Elemente $S(i)$ und
$S(i - 1)$, $n \geq i \geq 2$, miteinander verglichen, und, falls $S(i - 1) > S(i)$
ist, werden diese beiden Elemente vertauscht. So steigt das Minimum
des Feldes quasi als „Blase" von unten nach oben auf. Dabei werden
insgesamt $n-1$ Vergleiche angestellt. Jetzt wird das Verfahren rekursiv
auf das Feld $S[2 \ldots n]$ angewendet.

Wie viele Vergleiche führt dieses Verfahren durch?

(2) Lösen Sie die inhomogene Differenzengleichung

$$f(n + 1) + f(n) = n$$

mit dem Anfangswert $f(0) = 0$!

(3) Lösen Sie die inhomogene Differenzengleichung

$$f(n + 2) + f(n) = n$$

mit den Anfangswerten $f(0) = 0$ und $f(1) = 0$!

(4) Lösen Sie die lineare Differenzengleichung

$$f(n + 2) - 3f(n + 1) + 2f(n) = -1$$

mit den Anfangswerten $f_0 = 2$ und $f_1 = 4$!

Überprüfen Sie jeweils Ihre Lösung, indem Sie $f(n)$ für $0 \leq n \leq 10$
zum einen mit der Differenzengleichung und zum anderen mit Ihrer
Lösung berechnen!   □

Störfunktion: Potenzfunktion

Für den Fall, dass $g(n)$ eine Potenzfunktion ist, also von der Art $g(n) = c \cdot a^n$,
gehen wir ähnlich wie oben bei dem Fall vor, bei dem $g(n)$ ein Polynom ist.
Dort haben wir die spezielle Lösung f_s als Polynom angesetzt. Jetzt setzen
wir f_s als Potenzfunktion $f_s(n) = A \cdot c \cdot a^n$ an und setzen diese Funktion in
(5.28) ein:

$$\alpha_k \cdot A \cdot c \cdot a^{n+k} + \ldots + \alpha_1 \cdot A \cdot c \cdot a^{n+1} + \alpha_0 \cdot A \cdot c \cdot a^n = c \cdot a^n$$

Da $a \neq 0$ und $c \neq 0$ ist, können wir durch $c \cdot a^n$ teilen und erhalten

$$\alpha_k \cdot A \cdot a^k + \ldots + \alpha_1 \cdot A \cdot a + \alpha_0 \cdot A = 1$$

Ausklammern von A liefert

$$A \cdot \sum_{i=0}^{k} \alpha_i \cdot a^i = 1$$

und damit gilt für $\sum_{i=0}^{k} \alpha_i \cdot a^i \neq 0$

$$A = \frac{1}{\sum_{i=0}^{k} \alpha_i \cdot a^i}$$

Wir erhalten somit als spezielle Lösung

$$f_s(n) = \frac{c \cdot a^n}{\sum_{i=0}^{k} \alpha_i \cdot a^i} \tag{5.33}$$

Versuchen Sie, bevor Sie das folgende Beispiel durcharbeiten, selbst die Differenzengleichung

$$f(n+2) - 4f(n+1) + 4f(n) = 3^n, \; f(0) = 0, f(1) = 1 \tag{5.34}$$

zu lösen.

Beispiel 5.2 Die charakteristische Gleichung dieser Differenzengleichung ist durch $\lambda^2 - 4\lambda + 4 = 0$ gegeben. $\lambda = 2$ ist eine doppelte Nullstelle. Die allgemeine Lösung der homogenen Gleichung ist also $f_h(n) = (An + B) \cdot 2^n$. Als spezielle Lösung erhalten wir mit dem obigen Verfahren

$$f_s(n) = \frac{3^n}{3^2 - 4 \cdot 3 + 4} = 3^n$$

Insgesamt erhalten wir die allgemeine Lösung

$$f(n) = (An + B) \cdot 2^n + 3^n$$

Mithilfe der beiden Anfangswerte erhalten wir $A = 0$ und $B = -1$ und damit als Lösung der Gleichung (5.34): $f(n) = 3^n - 2^n$. $\qquad\square$

Ist die Funktion $g(n)$ konstant, also $g(n) = c, c \neq 0$, dann kann diese sowohl als Polynom, nämlich als Polynom vom Grad 0, als auch als Potenzfunktion $g(n) = c \cdot 1^n$ aufgefasst werden.

Beispiel 5.3 Als Beispiel betrachten wir die inhomogene Differenzengleichung

$$f(n+2) - 3f(n+1) - 28f(n) = 60 \tag{5.35}$$

Die charakteristische Gleichung $\lambda^2 - 3\lambda - 28 = 0$ hat die beiden Lösungen $\lambda_1 = -4$ und $\lambda_2 = 7$, womit wir $f_h(n) = A \cdot (-4)^n + B \cdot 7^n$ als allgemeine Lösung der homogenen Gleichung erhalten.

Für die spezielle Lösung betrachten wir als Erstes 60 als Potenz $60 \cdot 1^n$. Gemäß (5.33) ergibt sich

$$f_s(n) = \frac{60}{1 - 3 - 28} = -2$$

Als Nächstes betrachten wir 60 als Polynom vom Grad 0 und wählen dementsprechend den Ansatz $f_s(n) = C$. Eingesetzt in (5.35) erhalten wir

$$C - 3C - 28C = 60 \text{ also } -30C = 60$$

und damit ebenfalls $f_s(n) = C = -2$.

Lösen Sie (5.35), indem Sie $f_s(n)$ als Polynom mit Grad 1 wählen!

Wir wählen $f_s(n) = Cn + D$. Einsetzen in (5.35) liefert

$$C(n+2) + D - 3(C(n+1) + D) - 28(Cn + D) = 60$$

und damit

$$-30Cn - C - 30D = 60$$

Koeffizientenvergleich liefert $-30C = 0$ und damit $C = 0$ sowie $-C - 30D = 60$ und damit $D = -2$. Auch hier erhalten wir $f_s(n) = -2$.

Wir erhalten also (mit allen drei Verfahren) als allgemeine Lösung von (5.35)

$$f(n) = A \cdot (-4)^n + B \cdot 7^n - 2$$

Mit den Anfangswerten $f(0) = 0$ und $f(1) = 1$ erhalten wir $A + B - 2 = 0$ sowie $-4A + 7B - 2 = 1$, woraus $A = 1$ und $B = 1$ folgt. Die Lösung von (5.35) ist also:

$$f(n) = 7^n + (-4)^n - 2$$

Überprüfen Sie auch hier das Ergebnis mit einigen Beispielwerten.   □

Bei der Herleitung der allgemeinen Formel

$$f_s(n) = \frac{c \cdot a^n}{\sum_{i=0}^{k} \alpha_i \cdot a^i} \tag{5.36}$$

für eine spezielle Lösung im Fall $g(n) = c \cdot a^n$ – siehe (5.33) – müssen wir voraussetzen, und das haben wir dort auch getan, dass $\sum_{i=0}^{k} \alpha_i \cdot a^i \neq 0$ ist. Wann ist $\sum_{i=0}^{k} \alpha_i \cdot a^i = 0$? Nun, diese Summe ist 0, falls a, also die Basis von g, eine Lösung der charakteristischen Gleichung $\sum_{i=0}^{k} \alpha_i \cdot a^i = 0$, d.h. falls $a \in \{\lambda_1, \ldots, \lambda_k\}$ ist. Betrachten wir z.B. die Differenzengleichung

$$f(n+2) - 5f(n+1) + 6f(n) = 2^n \tag{5.37}$$

dann hat deren charakteristische Gleichung $\lambda^2 - 5\lambda + 6 = 0$ die Lösungen $\lambda_1 = 2$ und $\lambda_2 = 3$. λ_1 ist also gleich der Basis der Funktion $g(n) = 2^n$ in der Differenzengleichung. Wir können also in diesem Fall den Ansatz (5.36) für eine spezielle Lösung nicht wählen.

In den Fällen, in denen $a \in \{\lambda_1, \ldots, \lambda_k\}$ ist, wählen wir einen anderen Ansatz: Wir wählen in diesen Fällen bei $g(n) = c \cdot a^n$ nicht $f_s(n) = A \cdot c \cdot a^n$, sondern wir wählen $f_s(n) = A \cdot c \cdot n \cdot a^{n-1}$ als spezielle Lösung. Setzen wir diesen Ansatz in die Differenzengleichung

$$\sum_{i=0}^{k} \alpha_i f(n+i) = c \cdot a^n$$

ein, erhalten wir

$$\sum_{i=0}^{k} \alpha_i \cdot A \cdot c \cdot (n+i) \cdot a^{n+i-1} = c \cdot a^n$$

Wir klammern A aus der Summe aus und dividieren beide Seiten durch $c \cdot a^{n-1}$:

$$A \cdot \sum_{i=0}^{k} \alpha_i \cdot (n+i) \cdot a^i = a$$

Wir multiplizieren die Summenglieder aus und teilen die Summe in zwei Summen auf:

$$A \cdot \left(n \cdot \sum_{i=0}^{k} \alpha_i \cdot a^i + \sum_{i=0}^{k} i \cdot \alpha_i \cdot a^i \right) = a$$

Da a Nullstelle der charakteristischen Gleichung ist, ist die erste Summe gleich 0. Es folgt somit

$$A \cdot \left(\sum_{i=0}^{k} i \cdot \alpha_i \cdot a^i \right) = a$$

Wir dividieren durch a, lösen nach A auf und summieren ab $i = 1$, denn für $i = 0$ ist das Summenglied 0:

$$A = \frac{1}{\sum_{i=1}^{k} i \cdot \alpha_i \cdot a^{i-1}}$$

Es ergibt sich die spezielle Lösung

$$f_s(n) = \frac{c \cdot n \cdot a^{n-1}}{\sum_{i=1}^{k} i \cdot \alpha_i \cdot a^{i-1}} \tag{5.38}$$

Wir wollen nun mit diesem Ansatz die Differenzengleichung (5.37) lösen: Die Lösungen $\lambda_1 = 2$ und $\lambda_2 = 3$ hatten wir bereits bestimmt, wir erhalten damit die allgemeine Lösung $f_h(n) = A \cdot 2^n + B \cdot 3^n$ der homogenen Gleichung. Da die Basis 2 einer der Lösungen der charakteristischen Funktion

ist, wählen wir für die Bestimmung einer speziellen Lösung nicht den Ansatz
(5.33), sondern den Ansatz (5.38) und erhalten

$$f_s(n) = \frac{n \cdot 2^{n-1}}{1 \cdot (-5) \cdot 2^{1-1} + 2 \cdot 1 \cdot 2^{2-1}} = \frac{n \cdot 2^{n-1}}{-5 + 4} = -n \cdot 2^{n-1}$$

Die allgemeine Lösung ist somit

$$f(n) = A \cdot 2^n + B \cdot 3^n - n \cdot 2^{n-1}$$

Für die Anfangswerte $f(0) = 0$ und $f(1) = 1$ ergeben sich $A = -2$ sowie
$B = 2$ und damit die Lösung

$$f(n) = 2 \cdot 3^n - 2^{n+1} - n \cdot 2^{n-1} = 2 \cdot 3^n - 2^{n-1}(n + 4)$$

für die Differenzengleichung (5.37).

 Übungsaufgaben

5.9 Bestimmen Sie eine Lösung für die Differenzengleichung

$$f(n + 2) - 5f(n + 1) + 6f(n) = 3^n$$

mithilfe des vorgestellten Verfahrens.   □

Störfunktion: Summe von Polynomen und Potenzfunktionen

Bisher haben wir die Fälle, dass $g(n)$ ein Polynom ist oder dass $g(n)$ eine
Potenzfunktion ist, getrennt betrachtet. Wir betrachten nun noch den Fall,
dass die Funktion $g(n)$ die Summe von mehreren Potenzen oder die Summe
von Potenzen und einem Polynom ist, d.h. den Fall, dass die inhomogene
Gleichung die Gestalt

$$\sum_{i=0}^{k} \alpha_i f(n + i) = p(n) + c_1 \cdot a_1^n + \ldots + c_r \cdot a_r^n \tag{5.39}$$

hat. Dann können wir mit den obigen Verfahren spezielle Lösungen für das
Polynom sowie spezielle Lösungen für die Potenzen getrennt, d.h. für

$$\sum_{i=0}^{k} \alpha_i f(n + i) = p(n)$$

sowie für

$$\sum_{i=0}^{k} \alpha_i f(n+i) = c_j \cdot a_j^n \text{ für alle } 1 \leq j \leq r$$

berechnen, und dann deren Summe bilden. Gemäß Satz 5.3 ist diese Summe dann eine spezielle Lösung der Ausgangsgleichung (5.39).

 Übungsaufgaben

5.10 (1) Lösen Sie die inhomogene Differenzengleichung

$$f(n+2) - 5f(n+1) + 6f(n) = n^2 - 1 + 5^n$$

mit den Anfangswerten $f(0) = 0$ und $f(1) = 1$!

(2) Lösen Sie die inhomogene Differenzengleichung

$$f(n+2) - f(n+1) - 2f(n) = (-1)^n$$

mit den Anfangswerten $f(0) = 0$ und $f(1) = 1$!

(3) Lösen Sie die inhomogene Differenzengleichung

$$f(n+2) - f(n+1) + 2f(n) = (-1)^n$$

mit den Anfangswerten $f(0) = 0$ und $f(1) = 1$!

(4) Beschreiben Sie die jährliche Verzinsung eines Kapitals mit einem Zinssatz von $p\,\%$ mit einer Differenzengleichung! Lösen Sie diese Gleichung und bestimmen Sie mit dieser Lösung eine Formel zur Berechnung des Kapitals $K(n)$ nach n Jahren! Der Anfangswert sei das Anfangskapital $K(0) = K_0$.

(5) Auf einer Walze vom Durchmesser d werde Kupferblech von einer Dicke t aufgewickelt. Beschreiben Sie die Länge $L(n)$ des aufgewickelten Blechs nach n Drehungen mithilfe einer Differenzengleichung und lösen Sie diese!

(6) Geben Sie eine Funktion $B(n)$ an, die die Anzahl der Bitfolgen der Länge n angibt, in denen keine zwei Nullen aufeinander folgen dürfen! Z.B. gibt es eine Folge der Länge 0, nämlich die leere Folge, zwei Folgen der Länge 1, nämlich die Folgen 0 und 1, und drei Folgen der Länge 2, nämlich 01, 10 und 11.

5.11 Berechnen Sie die Lösungen der Differenzengleichung

$$f(n+2) - f(n) = g(n)$$

mit den Störfunktionen

(1) $g(n) = 0$,

(2) $g(n) = 1$,

(3) $g(n) = -1$ und

(4) $g(n) = (-1)^n$!

Die Anfangswerte sind in jedem Fall $f(0) = 0$ und $f(1) = 1$. Geben Sie für alle Fälle die ersten Funktionswerte an, und versuchen Sie dementsprechend die Lösungsfunktionen zu vereinfachen!   □

5.4 Lösung homogener linearer Differenzengleichungen zweiten Grades

Als Beispiele und Übungsaufgaben haben wir bisher überwiegend lineare Differenzengleichungen zweiten Grades betrachtet, und solche kommen auch oft in praktischen Anwendungen vor. Deshalb wollen wir uns in diesem Abschnitt dediziert mit Gleichungen der Art

$$f(n + 2) + a_1 f(n + 1) + a_0 f(n) = 0 \tag{5.40}$$

beschäftigen. Dabei sei $f : \mathbb{N}_0 \to \mathbb{R}$ und $a_1, a_0 \in \mathbb{R}$. Wir setzen $a_0 \neq 0$ voraus, sonst ist die Gleichung nicht von zweiter, sondern von erster Ordnung. Um unnötige Indizes zu vermeiden, schreiben wir (5.40) in der Form

$$f(n + 2) + a f(n + 1) + b f(n) = 0 \tag{5.41}$$

Die Anfangswerte wollen wir im Allgemeinen mit

$$f_0 = f(0) \quad \text{und} \quad f_1 = f(1) \tag{5.42}$$

bezeichnen.

Die charakteristische Gleichung von (5.41) lautet

$$\lambda^2 + a\lambda + b = 0 \tag{5.43}$$

diese Gleichung ist über $\mathbb{C}$ immer lösbar. Die Lösungen sind

$$\lambda_1 = -\frac{a - \sqrt{a^2 - 4b}}{2} \quad \text{und} \quad \lambda_2 = -\frac{a + \sqrt{a^2 - 4b}}{2} \tag{5.44}$$

Es folgt unmittelbar

Folgerung 5.1   a) $\lambda_1 + \lambda_2 = -a$.

b) $\lambda_1 - \lambda_2 = \sqrt{a^2 - 4b}$ und $\lambda_2 - \lambda_1 = -\sqrt{a^2 - 4b}$.

c) $\lambda_1 \cdot \lambda_2 = b$.

d) $D(a, b) = a^2 - 4b$ heißt *Diskriminante* von (5.43). Es gibt drei Fälle:

(i) $D(a, b) > 0$, also $a^2 > 4b$, dann sind die Lösungen reell und verschieden: $\lambda_1, \lambda_2 \in \mathbb{R}, \lambda_1 \neq \lambda_2$;   **Diskriminante**

(ii) $D(a, b) = 0$, also $a^2 = 4b$ und damit $b \in \mathbb{R}_+$, d.h. $a = 2\sqrt{b}$ oder $a = -2\sqrt{b}$, dann gibt es nur eine reelle Lösung: $\lambda = \lambda_1 = \lambda_2 = -\frac{a}{2} = \mp\sqrt{b} \in \mathbb{R} - \{0\}$;

Die charakteristische Gleichung (5.43) hat in diesem Fall die Form

$$(\lambda - \sqrt{b})(\lambda - \sqrt{b}) = \lambda^2 - 2\sqrt{b}\,\lambda + b = 0$$

bzw.

$$(\lambda + \sqrt{b})(\lambda + \sqrt{b}) = \lambda^2 + 2\sqrt{b}\,\lambda + b = 0$$

(iii) $D(a, b) < 0$, also $a^2 < 4b$, dann sind die Lösungen komplex und konjugiert zueinander, d.h. durch

$$\lambda_1 = -\frac{1}{2}\left(a + i\sqrt{4b - a^2}\right) \tag{5.45}$$

und

$$\lambda_2 = \lambda_1^* = -\frac{1}{2}\left(a - i\sqrt{4b - a^2}\right) \tag{5.46}$$

gegeben.   □

Wir betrachten im Folgenden diese drei Fälle detailliert.

Verschiedene reelle Lösungen

In diesem Fall ist gemäß Satz 5.5

$$f_h(n) = A\lambda_1^n + B\lambda_2^n \tag{5.47}$$

eine allgemeine Lösung von (5.41). Mithilfe der Anfangswerte bestimmen wir die Konstanten A und B:

$$f_0 = f(0) = \quad A + \quad B$$
$$f_1 = f(1) = \lambda_1 A + \lambda_2 B$$

Die Determinante der Koeffizientenmatrix ist

$$\begin{vmatrix} 1 & 1 \\ \lambda_1 & \lambda_2 \end{vmatrix} = \lambda_2 - \lambda_1 \neq 0 \tag{5.48}$$

da $\lambda_1 \neq \lambda_1$ vorausgesetzt ist. Ausrechnen des Gleichungssystems liefert die Lösungen

$$A = \frac{f_1 - \lambda_2 f_0}{\lambda_1 - \lambda_2} \tag{5.49}$$

$$B = -\frac{f_1 - \lambda_1 f_0}{\lambda_1 - \lambda_2} \tag{5.50}$$

Damit ergibt sich aus (5.47) mit den Anfangswerten (5.42) und den Lösungen (5.44) der charakteristischen Gleichung die Lösung für (5.41):

$$f(n) = \frac{1}{2\sqrt{D(a,b)}} \left(\left(2f_1 + \left(a + \sqrt{D(a,b)} \right) f_0 \right) \left(-\frac{a - \sqrt{D(a,b)}}{2} \right)^n \right.$$

$$\left. - \left(2f_1 + \left(a - \sqrt{D(a,b)} \right) f_0 \right) \left(-\frac{a + \sqrt{D(a,b)}}{2} \right)^n \right) \tag{5.51}$$

Im Hinblick auf Abschnitt 5.5 schreiben wir die Lösung auch noch bezüglich der ursprünglichen Form (5.40) der zu lösenden Gleichung hin, d.h. wir ersetzen a durch a_1 und b durch a_0: $f(n)$

$$= \frac{1}{2\sqrt{D(a_1,a_0)}} \left(\left(2f_1 + \left(a_1 + \sqrt{D(a_1,a_0)} \right) f_0 \right) \left(-\frac{a_1 - \sqrt{D(a_1,a_0)}}{2} \right)^n \right.$$

$$\left. - \left(2f_1 + \left(a_1 - \sqrt{D(a_1,a_0)} \right) f_0 \right) \left(-\frac{a_1 + \sqrt{D(a_1,a_0)}}{2} \right)^n \right) \tag{5.52}$$

Beispiel 5.4 Es sei

$$f(n + 2) - 3f(n + 1) + 2f(n) = 0$$

mit $f_0 = f(0) = 1$ und $f_1 = f(1) = 2$. Es ist $a = -3$, $b = 2$ und damit $D(a,b) = D(-3, 2) = 1 > 0$. Mithilfe von (5.51) ergibt sich durch entsprechendes Einsetzen unmittelbar

$$f(n) = 2^n$$

als Lösung.   □

Gleiche reelle Lösungen

Im Fall $\lambda = \lambda_1 = \lambda_2$ hat die Determinante (5.48) den Wert 0, es kann mit dem Ansatz (5.47) keine eindeutige Lösung erreicht werden. Wir probieren den Ansatz

$$f_h(n) = (A + Bn)\lambda^n \tag{5.53}$$

Einsetzen in (5.41) ergibt

$$f_h(n+2) + af_h(n+1) + bf_h(n)$$
$$= (A + B(n+2))\lambda^{n+2} + a(A + B(n+1))\lambda^{n+1} + b(A + Bn)\lambda^n$$
$$= (A + Bn)\underbrace{\lambda^n(\lambda^2 + a\lambda + b)}_{\substack{=0 \\ \text{wegen (5.43)}}} + B\lambda^{n+1} \cdot \underbrace{(2\lambda + a)}_{\substack{=0 \\ \text{wegen Folgerung 5.1 a)}}}$$
$$= 0$$

d.h. der Ansatz (5.53) liefert eine korrekte Lösung.

Wir bestimmen nun hierfür mithilfe der Anfangswerte die Konstanten A und B:

$$f_0 = f(0) = A$$
$$f_1 = f(1) = \lambda A + \lambda B$$

Die Determinante der Koeffizientenmatrix ist

$$\begin{vmatrix} 1 & 0 \\ \lambda & \lambda \end{vmatrix} = \lambda \neq 0 \tag{5.54}$$

wegen Folgerung 5.1 d ii). Ausrechnen des Gleichungssystems liefert die Lösungen

$$A = f_0 \tag{5.55}$$
$$B = \frac{f_1 - \lambda f_0}{\lambda} \tag{5.56}$$

Damit ergibt sich für (5.41) aus (5.53) mit den Anfangswerten (5.42) und unter Berücksichtigung von Folgerung 5.1 d (ii) die Lösung

$$f(n) = \left(f_0 - \frac{2f_1 + af_0}{a}n\right)\left(-\frac{a}{2}\right)^n \tag{5.57}$$

Beispiel 5.5 Es sei

$$f(n+2) - 6f(n+1) + 9f(n) = 0$$

mit $f_0 = f(0) = 1$ und $f_1 = f(1) = 2$. Es ist $a = -6$, $b = 9$ und damit $D(a,b) = D(-6,9) = 0$. Mithilfe von (5.57) ergibt sich durch entsprechendes Einsetzen unmittelbar

$$f(n) = (3 - n) \cdot 3^{n-1}$$

als Lösung. $\qquad\qquad\qquad\qquad\qquad\qquad\qquad\qquad\qquad\qquad\qquad\qquad\qquad\qquad\square$

Komplexe Lösungen

Jede *komplexe Zahl* $z \in \mathbb{C}$ lässt sich schreiben in der Form

$$z = x + iy$$

mit $x, y \in \mathbb{R}$ und $i^2 = -1$. $Re(z) = x$ heißt *Realteil* von z und $Im(z) = y$ heißt *Imaginärteil* von z. $z^* = x - iy$ heißt die *Konjugierte* zu z. Wir können uns z auch als Punkt $z = (x, y)$ im $\mathbb{R}^2$ vorstellen. Es sei θ der Winkel zwischen den Vektoren $(x, 0)$ und $z = (x, y)$ sowie

Komplexe Zahl

Realteil

Imaginärteil

Konjugierte

$$r = \sqrt{x^2 + y^2} = \sqrt{Re(z)^2 + Im(z)^2} \tag{5.58}$$

Damit gilt

$$x = r \cos \theta$$
$$y = r \sin \theta \tag{5.59}$$
$$z = r(\cos \theta + i \sin \theta)$$

Diese Darstellung von z heißt *Polarkoordinatendarstellung* von z, die kürzer als $z = (r, \theta)$ geschrieben werden kann. r heißt *Modul* und θ *Amplitude* von z. Für $z_1, z_2, z \in \mathbb{C}$ gilt $z_1 \cdot z_2 = (r_1 \cdot r_2, \theta_1 + \theta_2)$ sowie $z^n = (r^n, n\,\theta)$.[18] $|z| = r$ heißt *Betrag* von z. Hiermit sowie mit (5.58) und (5.59) folgt[19]

Polar-koordinaten

Modul

Amplitude

Betrag

$$\cos \theta = \frac{x}{\sqrt{x^2 + y^2}} = \frac{R(z)}{|z|}$$

$$\tag{5.60}$$

$$\sin \theta = \frac{y}{\sqrt{x^2 + y^2}} = \frac{Im(z)}{|z|}$$

Nach diesen Vorbemerkungen kehren wir zur Lösung homogener linearer Differenzengleichungen zweiten Grades (5.41) für den Fall zurück, dass die charakteristische Gleichungen die beiden zueinander komplex konjugierten Lösungen (siehe Folgerung 5.1 d (iii))

$$\lambda_1 = \lambda = -\frac{1}{2}\left(a + i\sqrt{4b - a^2}\right)$$

$$\tag{5.61}$$

$$\lambda_2 = \lambda^* = -\frac{1}{2}\left(a - i\sqrt{4b - a^2}\right)$$

bzw. in entsprechender Polarkoordinatendarstellung die Lösungen

$$\lambda_1 = r(\cos \theta + i \sin \theta)$$

$$\tag{5.62}$$

$$\lambda_2 = r(\cos \theta - i \sin \theta)$$

---

18   Diese Rechenregeln heißen auch *Gesetze von Moivre*.
19   Dabei schränken wir θ wie folgt ein: $-\pi < \theta \leq \pi$.

hat. Es ist

$$Re(\lambda) = -\frac{a}{2}$$

$$Im(\lambda) = \frac{\sqrt{4b - a^2}}{2}$$

(5.63)

Für die Polarkoordinaten r_λ und θ_λ von λ gilt gemäß (5.58), (5.60) und (5.63):

$$r_\lambda = |\lambda| = \sqrt{Re(\lambda)^2 + Im(\lambda)^2} = \sqrt{\left(-\frac{a}{2}\right)^2 + \left(\frac{\sqrt{4b - a^2}}{2}\right)^2}$$

$$= \sqrt{b}$$

(5.64)

$$\cos\theta_\lambda = \frac{Re(\lambda)}{|\lambda|} = \frac{-\frac{a}{2}}{\sqrt{b}}$$

$$= -\frac{a}{2\sqrt{b}}$$

(5.65)

$$\sin\theta_\lambda = \frac{Im(\lambda)}{|\lambda|} = \frac{\frac{\sqrt{4b - a^2}}{2}}{\sqrt{b}}$$

$$= \sqrt{1 - \frac{a^2}{4b}}$$

(5.66)

Da man sich auch im Fall, dass die charakteristische Gleichung komplexe Wurzeln besitzt, reelle Lösungen für (5.41) wünscht, wählt man den Ansatz

$$f_h(n) = A'(\cos B + i\sin B)\lambda_1^n + A'(\cos B - i\sin B)\lambda_2^n$$ (5.67)

Gemäß den Moivre-Regeln gilt $\lambda_{1/2}^n = r^n(\cos n\theta \pm i\sin n\theta)$. Dieses eingesetzt in (5.67) und ausgerechnet wieder mithilfe der Moivre-Regeln ergibt

$$f_h(n) = A'(\cos B + i\sin B)r^n(\cos n\theta + i\sin n\theta)^n$$
$$+ A'(\cos B - i\sin B)r^n(\cos n\theta - i\sin n\theta)$$

$$= A'r^n(\cos(B + n\theta) + i\sin(B + n\theta))$$
$$+ A'r^n(\cos(B + n\theta) - i\sin(B + n\theta))$$

$$= 2A'r^n\cos(B + n\theta)$$ (5.68)

Damit ist, wie gewünscht, $f_h(n) \in \mathbb{R}$ für alle $n \in \mathbb{N}$.

Wir ersetzen nun noch $2A'$ durch A und erhalten damit die allgemeine Lösung

$$f_h(n) = Ar^n \cos(B + n\theta) \tag{5.69}$$

Beispiel 5.6 Wir lösen die Gleichung

$$f(n+2) + f(n) = 0 \tag{5.70}$$

mit dem vorgestellten Verfahren. Es ist $a = 0$ und $b = 1$, d.h. die Diskriminante ist $D(a, b) = -4 < 0$. Durch Einsetzen von a und b in (5.64), (5.65) und (5.66) erhalten wir

$$r = 1 \text{ sowie } \cos\theta = 0 \text{ und } \sin\theta = 1, \text{ d.h. } \theta = \frac{\pi}{2}$$

und damit aus (5.69) die allgemeine Lösung

$$f_h(n) = A \cos\left(B + n\frac{\pi}{2}\right)$$

Sind zusätzlich etwa die Anfangswerte $f(0) = 0$ und $f(1) = 1$ gegeben, erhalten wir $0 = f(0) = A \cos B$, woraus $B = \frac{\pi}{2}$ folgt. Des Weiteren gilt $1 = f(1) = A \cos\left(B + \frac{\pi}{2}\right)$, also $1 = A \cos\left(\frac{\pi}{2} + \frac{\pi}{2}\right) = A \cos\pi = A \cdot (-1)$, woraus $A = -1$ folgt. Die Gleichung (5.70) hat also mit diesen Anfangswerten die Lösung

$$f(n) = -\cos\left(\frac{\pi}{2} + n\frac{\pi}{2}\right) = \sin\frac{n\pi}{2}$$

$\square$

 Übungsaufgaben

5.12 Lösen Sie die Differenzengleichung

$$f(n+2) - 2f(n+1) + 2f(n) = 0$$

mit den Anfangswerten $f(0) = 0$ und $f(1) = 1$! $\square$

5.5   Lösung mithilfe von erzeugenden Funktionen

Wir lernen nun eine weitere Methode zur Lösung linearer Differenzengleichungen kennen: erzeugende Funktionen. Wir betrachten zunächst beispielhaft und dann allgemein die Lösung von Gleichungen zweiten und Gleichungen ersten Grades. Anschließend verallgemeinern wir die Methode auf Gleichungen beliebigen Grades.

5.5.1 Gleichungen zweiten Grades

Am Beispiel der Fibonacci-Folge soll gezeigt werden, dass lineare Differenzengleichungen auch mithilfe von erzeugenden Funktionen gelöst werden können. Es sei

$$F(z) = \sum_{n \geq 0} f_n z^n \qquad (5.71)$$

eine erzeugende Funktion für die Fibonacci-Folge, d.h. die Koeffizienten f_n seien die Glieder dieser Folge. Es gilt

$$\sum_{n \geq 0} f_n z^n = f_0 \cdot z^0 + f_1 \cdot z^1 + \sum_{n \geq 2} f_n z^n$$

$$= 0 + z + \sum_{n \geq 2} f_n z^n$$

$$= z + \sum_{n \geq 2} (f_{n-1} + f_{n-2}) z^n \qquad (5.72)$$

Aus (5.71) und (5.72) folgt

$$F(z) = z \sum_{n \geq 2} f_{n-1} z^{n-1} + z^2 \sum_{n \geq 2} f_{n-2} z^{n-2} + z$$

$$= z \sum_{n \geq 1} f_n z^n + z^2 \sum_{n \geq 0} f_n z^n + z$$

$$= z \sum_{n \geq 0} f_n z^n + z^2 \sum_{n \geq 0} f_n z^n + z \qquad \text{da } f_0 = 0$$

$$= z F(z) + z^2 F(z) + z \qquad \text{mit (5.71)}$$

Hieraus folgt

$$F(z) = \frac{z}{1 - z - z^2} \qquad (5.73)$$

d.h.

$$\frac{z}{1 - z - z^2} \qquad (5.74)$$

ist eine erzeugende Funktion für die Fibonacci-Folge, für diese bestimmen wir jetzt eine Potenzreihendarstellung, um daraus die Koeffizienten f_n abzulesen.

Zunächst zerlegen wir die erzeugende Funktion (5.74) in einen Partialbruch:

$$\frac{z}{1-z-z^2} = \frac{A}{1+\alpha z} + \frac{B}{1+\beta z}$$

Es ergibt sich

$$\frac{A}{1+\alpha z} + \frac{B}{1+\beta z} = \frac{A + A\beta z + B + B\alpha z}{(1+\alpha z)(1+\beta z)}$$

$$= \frac{A + B + (A\beta + B\alpha)z}{1 + (\alpha + \beta)z + \alpha\beta z^2} \tag{5.75}$$

Koeffizientenvergleich von (5.74) und (5.75) ergibt $A + B = 0$, also $B = -A$, sowie $A\beta + B\alpha = 1$, also $A\beta - A\alpha = A(\beta - \alpha) = 1$ und damit $A = \frac{1}{\beta - \alpha}$ und $B = -\frac{1}{\beta - \alpha}$. Damit ergibt sich

$$F(z) = \frac{z}{1-z-z^2} = \frac{1}{\beta - \alpha}\left(\frac{1}{1+\alpha z} - \frac{1}{1+\beta z}\right) \tag{5.76}$$

Weiterer Koeffizientenvergleich von (5.74) und (5.75) ergibt $\alpha + \beta = -1$, also $\beta = -\alpha - 1$, sowie $\alpha \cdot \beta = -1$, also $\alpha \cdot (-\alpha - 1) = -\alpha^2 - \alpha = -1$, somit $\alpha^2 + \alpha - 1 = 0$. Die Lösungen dieser quadratischen Gleichung sind

$$\alpha_1 = -\frac{1+\sqrt{5}}{2} \quad \text{und} \quad \alpha_2 = -\frac{1-\sqrt{5}}{2}$$

Hieraus ergibt sich

$$\beta_1 = -\frac{1-\sqrt{5}}{2} \quad \text{bzw.} \quad \beta_2 = -\frac{1+\sqrt{5}}{2}$$

Wir wählen für das weitere Vorgehen

$$\alpha = \alpha_1 = -\frac{1+\sqrt{5}}{2} \quad \text{und} \quad \beta = \beta_1 = -\frac{1-\sqrt{5}}{2} \tag{5.77}$$

(die komplementäre Wahl führt zu denselben Ergebnissen). Mit dieser Wahl ergibt sich

$$\frac{1}{\beta - \alpha} = \frac{1}{\sqrt{5}} \tag{5.78}$$

Jetzt benutzen wir noch die folgende Eigenschaft von Potenzreihen: Für alle $z \in \mathbb{C}$, $|z| < 1$, gilt

$$\sum_{n=0}^{\infty} z^n = \frac{1}{1-z} \tag{5.79}$$

Wenn wir nun die obigen Teilergebnisse zusammenführen, erhalten wir

$$F(z) = \frac{z}{1 - z - z^2} \qquad\qquad\qquad \text{wegen (5.73)}$$

$$= \frac{1}{\beta - \alpha} \left(\frac{1}{1 + \alpha z} - \frac{1}{1 + \beta z} \right) \qquad\qquad \text{wegen (5.76)}$$

$$= \frac{1}{\sqrt{5}} \left(\frac{1}{1 - \frac{1+\sqrt{5}}{2}z} - \frac{1}{1 - \frac{1-\sqrt{5}}{2}z} \right) \qquad \text{wegen (5.78), (5.77)}$$

$$= \frac{1}{\sqrt{5}} \left(\sum_{n=0}^{\infty} \left(\frac{1 + \sqrt{5}}{2}z \right)^n - \sum_{n=0}^{\infty} \left(\frac{1 - \sqrt{5}}{2}z \right)^n \right) \quad \text{wegen (5.79)}$$

$$= \sum_{n=0}^{\infty} \frac{1}{\sqrt{5}} \left(\left(\frac{1 + \sqrt{5}}{2} \right)^n - \left(\frac{1 - \sqrt{5}}{2} \right)^n \right) z^n$$

Durch Koeffizientenvergleich mit (5.71) erhalten wir als Lösung die Fibonacci-Folge

$$f_n = \frac{1}{\sqrt{5}} \left(\left(\frac{1 + \sqrt{5}}{2} \right)^n - \left(\frac{1 - \sqrt{5}}{2} \right)^n \right)$$

Diese stimmt (natürlich) mit der Lösung (5.14) überein, die wir mithilfe unserer Methode zur Lösung homogener linearer Differenzengleichungen erhalten haben.

 ### Übungsaufgaben

5.13 (1) Lösen Sie die lineare Differenzengleichung

$$f_n - 8f_{n-1} + 7f_{n-2} = 0 \text{ für } n \geq 2 \text{ mit } f_0 = 0 \text{ und } f_1 = 1$$

mithilfe einer erzeugenden Funktion!

(2) Lösen Sie diese Gleichung mit der in Abschnitt 5.3.1 vorgestellten Methode! □

Wir haben nun zwei homogene lineare Differenzengleichungen zweiten Grades mithilfe von erzeugenden Funktionen gelöst. Wir wollen die dabei verwendete Lösungsmethode verallgemeinern. Eine lineare homogene Differenzengleichung zweiten Grades ist im Allgemeinen gegeben durch

$$f(n+2) + a_1 f(n+1) + a_0 f(n) = 0 \tag{5.80}$$

oder durch

$$\begin{aligned} f(n+2) &= -a_1 f(n+1) - a_0 f_n \\ &= a f(n+1) + b f(n) \text{ mit } a = -a_1 \text{ und } b = -a_0 \end{aligned} \tag{5.81}$$

Die Anfangswerte legen wir auf

$$f(0) = f_0 \text{ und } f(1) = f_1 \tag{5.82}$$

fest.

Wir suchen eine erzeugende Funktion für $f(n)$, d.h. eine Funktion $F(z)$ mit

$$F(z) = \sum_{n \geq 0} f_n z^n \tag{5.83}$$

und $f_n = f(n)$. Es gilt:

$$F(z) = \sum_{n \geq 0} f_n z^n$$

$$= f_0 + f_1 z + \sum_{n \geq 2} f_n z^n$$

$$= f_0 + f_1 z + \sum_{n \geq 2} (a f_{n-1} + b f_{n-2}) z^n \qquad \text{wegen (5.81)}$$

$$= f_0 + f_1 z + a z \sum_{n \geq 2} f_{n-1} z^{n-1} + b z^2 \sum_{n \geq 2} f_{n-2} z^{n-2}$$

$$= f_0 + f_1 z + a z \sum_{n \geq 1} f_n z^n + b z^2 \sum_{n \geq 0} f_n z^n$$

$$= f_0 + f_1 z - a f_0 z + a z \sum_{n \geq 0} f_n z^n + b z^2 \sum_{n \geq 0} f_n z^n$$

$$= f_0 + (f_1 - a f_0) z + a z F(z) + b z^2 F(z) \qquad \text{wegen (5.83)}$$

Daraus folgt, dass

$$F(z) = \frac{f_0 + (f_1 - a f_0) z}{1 - a z - b z^2} \tag{5.84}$$

eine erzeugende Funktion für $f(n)$ ist. Gesucht ist nun eine Potenzreihendarstellung für diese Funktion, um daraus die Koeffizienten f_n abzulesen. Die Potenzreihendarstellung, die wir dabei verwenden, ist

$$\frac{1}{1-z} = \sum_{n \geq 0} z^n \tag{5.85}$$

mit $z \in \mathbb{C}$, $|z| < 1$ (wobei diese Bedingung für die weiteren Überlegungen keine Bedeutung hat). Deshalb zerlegen wir zunächst die erzeugende Funktion (5.84) in einen Partialbruch

$$F(z) = \frac{f_0 + (f_1 - af_0)z}{1 - az - bz^2} \tag{5.86}$$

$$= \frac{A}{1-\alpha z} + \frac{B}{1-\beta z} \tag{5.87}$$

$$= \frac{A + B - (A\beta + B\alpha)z}{1 - (\alpha + \beta)z + \alpha\beta z^2} \tag{5.88}$$

mit $A \neq 0$ und $B \neq 0$ sowie $\alpha \neq 0$, $\beta \neq 0$ und $\alpha \neq \beta$. Damit ergibt sich aus (5.84), (5.88) und (5.85):

$$F(z) = \frac{f_0 + (f_1 - af_0)z}{1 - az - bz^2} \tag{5.89}$$

$$= \frac{A + B - (A\beta + B\alpha)z}{1 - (\alpha + \beta)z + \alpha\beta z^2} \tag{5.90}$$

$$= \frac{A}{1-\alpha z} + \frac{B}{1-\beta z} \tag{5.91}$$

$$= A \sum_{n \geq 0} \alpha^n z^n + B \sum_{n \geq 0} \beta^n z^n$$

$$= \sum_{n \geq 0} (A\alpha^n + B\beta^n) z^n$$

Hieraus folgt mit (5.83) die Lösung

$$f_n = A\alpha^n + B\beta^n \tag{5.92}$$

Wir müssen also noch A, B, α und β bestimmen: Durch Koeffizientenvergleich von (5.89) und (5.90) folgt $A + B = f_0$ und daraus

$$B = f_0 - A \tag{5.93}$$

sowie

$$\alpha + \beta = a \qquad (5.94)$$

Hiermit und weiterem Koeffizientenvergleich erhalten wir:

$$
\begin{aligned}
-(A\beta + B\alpha) &= f_1 - af_0 & \text{wegen (5.89) und (5.90)} \\
-(A\beta + B\alpha) &= -(A\beta + (f_0 - A)\alpha) & \text{wegen (5.93)} \\
&= -A\beta - f_0\alpha + A\alpha \\
&= A(\alpha - \beta) - f_0\alpha & (5.95)
\end{aligned}
$$

Aus der ersten und letzten Gleichung sowie mit (5.94) folgt[20]

$$A = \frac{f_1 + (\alpha - a)f_0}{\alpha - \beta} = \frac{f_1 - \beta f_0}{\alpha - \beta} \qquad (5.96)$$

Daraus folgt mit (5.93)[21]

$$B = f_0 - \frac{f_1 - \beta f_0}{\alpha - \beta} = -\frac{f_1 - \alpha f_0}{\alpha - \beta} \qquad (5.97)$$

Weiterer Koeffizientenvergleich von (5.89) und (5.90) ergibt $\alpha + \beta = a$ und damit $\beta = a - \alpha$ und damit $\alpha\beta = \alpha(a - \alpha) = a\alpha - \alpha^2 = -b$ und damit $\alpha^2 - a\alpha - b = 0$, woraus

$$\alpha_{1/2} = \frac{a \pm \sqrt{a^2 + 4b}}{2} \qquad (5.98)$$

$$\beta_{1/2} = \frac{a \mp \sqrt{a^2 + 4b}}{2} \qquad (5.99)$$

folgt. Wir wählen

$$\alpha = \frac{a + \sqrt{a^2 + 4b}}{2} \qquad (5.100)$$

$$\beta = \frac{a - \sqrt{a^2 + 4b}}{2} \qquad (5.101)$$

Es folgt

$$\alpha - \beta = \sqrt{a^2 + 4b} \qquad (5.102)$$

---

20   Vergleiche mit (5.49).
21   Vergleiche mit (5.50).

Aus (5.96), (5.97), (5.100), (5.101) und (5.102) erhalten wir durch Einsetzen in (5.92) die Lösung von (5.81):

$$f(n) = \frac{1}{2\sqrt{a^2 + 4b}} \left(\left(2f_1 - \left(a - \sqrt{a^2 + 4b}\right) f_0 \right) \left(\frac{a + \sqrt{a^2 + 4b}}{2} \right)^n \right.$$

$$\left. - \left(2f_1 - \left(a + \sqrt{a^2 + 4b}\right) f_0 \right) \left(\frac{a - \sqrt{a^2 + 4b}}{2} \right)^n \right)$$

$$(5.103)$$

Wenn wir berücksichtigen, dass wir in (5.81) $a = -a_1$ sowie $b = -a_0$ gesetzt haben, ergibt sich aus (5.103) unmittelbar die Lösung für die Ausgangsgleichung (5.80):

$$f(n) = \frac{1}{2\sqrt{a_1^2 - 4a_0}} \left(\left(2f_1 + \left(a_1 + \sqrt{a_1^2 - 4a_0}\right) f_0 \right) \left(-\frac{a_1 - \sqrt{a_1^2 - 4a_0}}{2} \right)^n \right.$$

$$\left. - \left(2f_1 + \left(a_1 - \sqrt{a_1^2 - 4a_0}\right) f_0 \right) \left(-\frac{a_1 + \sqrt{a_1^2 - 4a_0}}{2} \right)^n \right)$$

$$(5.104)$$

Diese Lösung ist natürlich identisch zur Lösung (5.52), die wir im Abschnitt 5.4 auf andere Art und Weise hergeleitet haben.

Für die Anfangswerte $f_0 = 0$ und $f_1 = 1$ ergibt sich aus (5.103) speziell

$$f(n) = \frac{1}{\sqrt{a^2 + 4b}} \left(\left(\frac{a + \sqrt{a^2 + 4b}}{2} \right)^n - \left(\frac{a - \sqrt{a^2 + 4b}}{2} \right)^n \right) \qquad (5.105)$$

bzw. aus (5.104) speziell

$$f(n) = \frac{1}{\sqrt{a_1^2 - 4a_0}} \left(\left(-\frac{a_1 - \sqrt{a_1^2 - 4a_0}}{2} \right)^n - \left(-\frac{a_1 + \sqrt{a_1^2 - 4a_0}}{2} \right)^n \right)$$

$$(5.106)$$

 Übungsaufgaben

5.14 a) Verifizieren Sie die allgemeinen Lösungen (5.103) bzw. (5.104) sowie (5.105) bzw. (5.106) mit der Fibonacci-Folge sowie mit weiteren Übungen und an weiteren selbst ausgedachten Beispielen!

b) Lösen Sie die lineare homogene Differenzengleichung

$$f(n+2) + 3f(n+1) - 4f(n) = 0$$

mit den Anfangswerten $f_0 = 0$ und $f_1 = 1$!

c) Geben Sie ein allgemeines Verfahren zur Lösung linearer homogener Differenzengleichungen ersten Grades an!

(d) Lösen Sie damit die Gleichung

$$f(n+1) + 3f(n) = n$$

mit dem Anfangswert $f_0 = 1$. □

5.5.2 Gleichungen ersten Grades

Lineare homogene Differenzengleichungen ersten Grades haben die allgemeine Form

$$f(n+1) + a_0 f(n) = 0 \tag{5.107}$$

mit dem Angangswert $f(0) = f_0$. Die charakteristische Gleichung lautet $\lambda + a_0 = 0$, sie hat die Lösung $\lambda = -a_0$. Daraus ergibt sich die allgemeine Lösung $f(n) = A \cdot (-a_0)^n$. Mithilfe des Anfangswertes folgt $f_0 = f(0) = A$, womit wir die Lösung

$$f(n) = f_0 \cdot (-a_0)^n$$

erhalten.

Auch wenn es komplizierter erscheint, wollen wir zu Übungszwecken die Aufgabe auch mithilfe von erzeugenden Funktionen lösen. Wir stellen die Gleichung (5.107) um und erhalten

$$f(n+1) = -a_0 f(n) = a f(n) \text{ mit } a = -a_0 \tag{5.108}$$

Damit ergibt sich

$$F(z) = \sum_{n \geq 0} f_n z^n = f_0 + \sum_{n \geq 1} f_n z^n = f_0 + \sum_{n \geq 1} a f_{n-1} z^n = f_0 + az \sum_{n \geq 1} f_{n-1} z^{n-1}$$

$$= f_0 + az \sum_{n \geq 0} f_n z^n = f_0 + aF(z)$$

Es folgt

$$F(z) = \frac{f_0}{1 - az} = f_0 \sum_{n \geq 0} a^n z^n \tag{5.109}$$

und daraus die allgemeine Lösung von (5.107)

$$f(n) = a^n = (-a_0)^n$$

die natürlich mit der übereinstimmt, die wir oben mithilfe der charakteristischen Gleichung erhalten haben.

Mit den allgemeinen Überlegungen erhalten wir für die homogene Gleichung der Übung 5.14 d) die allgemeine Lösung

$$f_h(n) = A \cdot (-3)^n$$

Da die Störfunktion linear ist, wählen wir für die Lösung der inhomogenen Gleichung den Ansatz $f_s(n) = Bn + C$. Dieser Einsatz muss die gegebene Gleichung erfüllen:

$$B(n+1) + C + 3(B+C) = 4Bn + B + 4C = n$$

Mithilfe von Koeffizientenvergleich und Einsetzen erhalten wir

$$f_s(n) = \frac{1}{4}\left(n - \frac{1}{4}\right)$$

Insgesamt erhalten wir als allgemeine Lösung

$$f(n) = f_h(n) + f_s(n) = A \cdot (-3)^n + \frac{1}{4}\left(n - \frac{1}{4}\right)$$

und daraus mithilfe des Anfangswertes

$$1 = f(0) = A - \frac{1}{16}$$

und damit $A = \frac{17}{16}$. Letztendlich ergibt sich die Lösung

$$f(n) = \frac{1}{16}\left(17 \cdot (-3)^n + 4n - 1\right)$$

5.5.3 Gleichungen höheren Grades

Wir betrachten nun allgemeine homogene lineare Differenzengleichungen k-ten Grades

$$\sum_{i=0}^{k} \alpha_i f(n-i) = 0 \tag{5.110}$$

mit $\alpha_0 \neq 0$ und den Anfangswerten

$$f(i) = f_i,\ 0 \leq i \leq k-1$$

Wir lösen nach $f(n)$ auf, setzen

$$a_i = -\frac{\alpha_i}{\alpha_0}, \, 0 \le i \le k - 1 \tag{5.111}$$

und erhalten die zu (5.110) äquivalente Gleichung

$$f(n) = \sum_{i=1}^{k} a_i f(n - i) \tag{5.112}$$

Hierfür suchen wir eine erzeugende Funktion

$$F(z) = \sum_{n \ge 0} f_n z^n \tag{5.113}$$

Wir teilen die Summe auf, setzen (5.112) und 5.113) geeignet ein und rechnen damit weiter:

$$F(z) = \sum_{n \ge 0} f_n z^n$$

$$= \sum_{n=0}^{k-1} f_n z^n + \sum_{n \ge k} f_n z^n$$

$$= \sum_{n=0}^{k-1} f_n z^n + \sum_{n \ge k} \left(\sum_{i=1}^{k} a_i f_{n-i} \right) z^n$$

$$= \sum_{n=0}^{k-1} f_n z^n + \sum_{i=1}^{k} a_i z^i \sum_{n \ge k} f_{n-i} \, z^{n-i}$$

$$= \sum_{n=0}^{k-1} f_n z^n + \sum_{i=1}^{k} a_i z^i \sum_{n \ge k-i} f_n \, z^n$$

$$= \sum_{n=0}^{k-1} f_n z^n + \sum_{i=1}^{k-1} a_i z^i \left[\sum_{n \ge 0} f_n \, z^n - \sum_{i=0}^{k-i-1} f_n z^n \right] + a_k z^k \sum_{n \ge 0} f_n z^n$$

$$= \sum_{n=0}^{k-1} f_n z^n + \sum_{i=1}^{k-1} a_i z^i \left[F(z) - \sum_{i=0}^{k-i-1} f_n z^n \right] + a_k z^k F(z)$$

$$= \sum_{n=0}^{k-1} f_n z^n + F(z) \sum_{i=1}^{k} a_i z^i - \sum_{i=1}^{k-1} a_i z^i \sum_{n=0}^{k-i-1} f_n z^n$$

$$= \sum_{n=0}^{k-1} f_n z^n - \sum_{i=1}^{k-1} a_i \sum_{n=0}^{k-i-1} f_n z^{n+i} + F(z) \sum_{i=1}^{k} a_i z^i$$

Wir setzen

$$p(z) = \sum_{n=0}^{k-1} f_n z^n - \sum_{i=1}^{k-1} a_i \sum_{n=0}^{k-i-1} f_n z^{n+i} \qquad (5.114)$$

und erhalten damit

$$F(z) = p(z) + F(z) \sum_{i=1}^{k} a_i z^i$$

und daraus

$$F(z) \left[1 - \sum_{i=1}^{k} a_i z^i \right] = p(z)$$

Da wegen (5.111) $a_0 = -1$ ist, ergibt sich

$$F(z) \cdot - \sum_{i=0}^{k} a_i z^i = p(z)$$

Wir setzen

$$q(z) = - \sum_{i=0}^{k} a_i z^i = 1 - a_1 z - a_2 z^2 - \ldots - a_k z^k$$

$q(z)$ heißt *charakteristisches Polynom* von (5.110). Insgesamt erhalten wir damit

Charakteristisches Polynom

$$F(z) = \frac{p(z)}{q(z)} \qquad (5.115)$$

Das entspricht genau dem, was wir in den Abschnitten 5.5.1 und 5.5.2 für die Spezialfälle $k = 2$ und $k = 1$ explizit berechnet haben, vergleiche (5.86) bzw. (5.109). Zur Bestimmung der Potenzreihe für $F(z)$ müssen wir nun wie in den erwähnten Beispielen (5.115) in Partialbrüche zerlegen. Hat $q(z)$ s verschieden Nullstellen $\lambda_1, \ldots, \lambda_s$, $1 \le s \le k$, und ist λ_i, $1 \le i \le s$, eine r_i-fache Nullstelle, dann gilt

$$q(z) = \prod_{i=1}^{s} (z - \lambda_i)^{r_i} \ \text{ mit } \ \sum_{i=1}^{s} r_i = k$$

Mithilfe der Mehtode der Partialbruchzerlegung bestimmt man Polynome $p_i(z)$ mit $grad(p_i) < r_i$ sowie β_i, $1 \le i \le s$, so dass

$$F(z) = \frac{p(z)}{q(z)} = \sum_{i=1}^{s} \frac{p_i(z)}{(1 - \beta_i z)^{r_i}} \qquad (5.116)$$

gilt. Aus dem Kapitel 4.4, siehe (4.25) und (4.26), wissen wir, dass

$$\frac{1}{(1 - \beta_i z)^{r_i}} = \sum_{n \geq 0} \binom{r_i + n - 1}{n} \beta_i^n z^n$$

gilt. Eingesetzt in (5.116) erhalten wir

$$F(z) = \sum_{i=1}^{s} p_i(z) \sum_{n \geq 0} \binom{r_i + n - 1}{n} \beta_i^n z^n \qquad (5.117)$$

Die Polynome $p_i(z)$ haben die allgemeine Form

$$p_i(z) = \sum_{j=0}^{r_i - 1} p_{ij} z^j$$

eingesetzt in (5.117) erhalten wir

$$F(z) = \sum_{i=1}^{s} \sum_{j=0}^{r_i - 1} p_{ij} \sum_{n \geq 0} \binom{r_i + n - 1}{n} \beta_i^n z^{n+j} \qquad (5.118)$$

 Übungsaufgaben

5.15 Lösen mithilfe des vorgestellten Verfahrens die homogene lineare Differenzengleichung

$$f(n) = 5f(n-1) - 9f(n-2) + 7f(n-3) - 2f(n-4) \qquad (5.119)$$

mit den Anfangswerten $f(0) = 0$, $f(1) = 2$, $f(2) = 4$ und $f(3) = 8$ (siehe auch Beispiel 5.1)! $\qquad\square$

Aus (5.114) ergibt sich für dieses Beispiel

$$p(z) = \sum_{n=0}^{3} f_n z^n - \sum_{i=1}^{3} a_i \sum_{n=0}^{3-i} f_n z^{n+i}$$

$$= 2z + 4z^2 + 8z^3 - \left[5 \sum_{n=0}^{2} f_n z^{n+1} - 9 \sum_{n=0}^{1} f_n z^{n+2} + 7 \sum_{n=0}^{0} f_n z^{n+3} \right]$$

$$= 2z + 4z^2 + 8z^3 - \left[5f_0 z + 5f_1 z^2 + 5f_2 z^3 - 9f_0 z^2 - 9f_1 z^3 + 7f_0 z^3 \right]$$

$$= 2z - 6z^2 + 6z^3$$

Das charakteristische Polynom lässt sich unmittelbar aus der gegebenen Gleichung (5.119) ablesen:

$$q(z) = 1 - 5z + 9z^2 - 7z^3 + 2z^4$$

Es hat die 3-fache Nullstelle $\lambda_1 = 1$ und die einfache Nullstelle $\lambda_2 = \frac{1}{2}$; es ist also

$$q(z) = (1 - z)^3 (1 - 2z)$$

Gemäß (5.115) erhalten wir als erzeugende Funktion für (5.119):

$$F(z) = \frac{2z - 6z^2 + 6z^3}{(1 - z)^3 (1 - 2z)} \tag{5.120}$$

Partialbruchzerlegung ergibt

$$F(z) = \frac{A + Bz + Cz^2}{(1 - z)^3} + \frac{D}{1 - 2z} \tag{5.121}$$

$$= \frac{(A + B) + (-2A + B - 3D)z + (-2B + C + 3D)z^2 + (-2C - D)z^3}{(1 - z)^3 (1 - 2z)}$$

Durch Koeffizientenvergleich mit (5.120) erhalten wir das Gleichungssystem

$$
\begin{array}{rrrrrcr}
A & & & + & D & = & 0 \\
-2A & + & B & - & 3D & = & 2 \\
& - & 2B + C & + & 3D & = & -6 \\
& & - 2C & - & D & = & 6
\end{array}
$$

mit den Lösunge $A = -2$, $B = 4$, $C = -4$, $D = 2$. Diese eingesetzt in (5.121) ergibt

$$F(z) = \frac{-2 + 4z - 4z^2}{(1 - z)^3} + \frac{2}{1 - 2z}$$

und mit den zugehörigen Potenzreihen, vergleiche (5.118):

$$F(z) = (-2 + 4z - 4z^2) \sum_{n \geq 0} \binom{n + 2}{n} z^n + 2 \sum_{n \geq 0} 2^n z^n$$

$$= -\sum_{n \geq 0}(n + 1)(n + 2)z^n + \sum_{n \geq 0} 2(n + 1)(n + 2)z^{n+1}$$

$$- \sum_{n \geq 0} 2(n + 1)(n + 2)z^{n+2} + \sum_{n \geq 0} 2^{n+1} z^n$$

$$
= -\sum_{n\geq 0}(n+1)(n+2)z^n + \sum_{n\geq 1}2n(n+1)z^n
$$
$$
- \sum_{n\geq 2}2(n-1)nz^n + \sum_{n\geq 0}2^{n+1}z^n
$$
$$
= -\sum_{n\geq 0}(n+1)(n+2)z^n + \sum_{n\geq 0}2n(n+1)z^n
$$
$$
- \sum_{n\geq 0}2(n-1)nz^n + \sum_{n\geq 0}2^{n+1}z^n
$$
$$
= \sum_{n\geq 0}\left[-(n+1)(n+2)+2n(n+1)-2(n-1)n+2^{n+1}\right]z^n
$$
$$
= \sum_{n\geq 0}\left[-n^2+n-2+2^{n+1}\right]z^n
$$

Es folgt, dass $f(n) = -n^2 + n - 2 + 2^{n+1}$ die Lösung von (5.119) ist.

5.6 Zusammenfassung

In vielen Anwendungen lassen sich Funktionen leicht durch Rekursionen definieren. Zur effizienten Berechnung oder zur Untersuchung von Eigenschaften der Funktionen ist man an einer geschlossenen Darstellung der Funktionen interessiert. In diesem Kapitel werden Rekursionen betrachtet, die sich als lineare Differenzengleichungen mit konstanten Koeffizienten darstellen lassen. Für diese werden Verfahren zur Lösung vorgestellt. Allgemeine Lösungen ergeben sich als Summe der allgemeinen Lösung der homogenen Gleichung und einer speziellen Lösung der inhomogenen Gleichung. Sind hinreichend viele Anfangswerte gegeben, können auch die Parameter der allgemeinen Lösung bestimmt werden. Eine allgemeine Lösung einer homogenen Gleichung erhält man mithilfe der Nullstellen der zugehörigen charakteristischen Gleichung. Für die Bestimmung einer speziellen Lösung für eine inhomogene Gleichung wurden je ein Ansatz für Polynome sowie für Potenzfunktionen betrachtet.

Am Beispiel der Fibonacci-Folge wird demonstriert, wie lineare Differenzengleichungen auch mithilfe von erzeugenden Funktionen gelöst werden können. Aus diesem und einem weiteren Beispiel wird zunächst für lineare homogene Differenzengleichungen ersten und zweiten Grades ein allgemeines Lösungsverfahren und danach ein allgemeines Verfahren für Gleichungen k-ten Grades entwickelt.

6 Diskretes Differenzieren und Integrieren

Konzepte und Methoden der Differentiation und Integration stetiger Funktionen können auf diskrete Funktionen übertragen werden. Analog definierte Operatoren zeigen dabei analoge Eigenschaften. Anwendungen dieser Operatoren führen z.B. zur geschlossenen Darstellung von Summen von Potenzen und Summen von Faktoriellen. Wir werden sehen, dass dabei die Stirlingzahlen erster und zweiter Art eine wichtige Rolle spielen.

Nach Durcharbeiten dieses Kapitels sollten Sie **Lernziele**

- diskretes Differenzieren und Integrieren als Analogon zur Differential- und Integralrechnung verstehen und erklären können,

- Regeln für diskretes Differenzieren und Integrieren herleiten und anwenden können,

- die entsprechenden Operatoren auf ausgewählte Funktionen, insbesondere Potenzen und Faktorielle bzw. Summen von Potenzen und Summen von Faktoriellen anwenden können,

- unterschiedliche Methoden für die Berechnung diskreter Summen herleiten und anwenden können.

6.1 Diskrete Mengen und Funktionen

In den bisherigen Kapiteln betrachten wir Funktionen, die die Menge $\mathbb{Z}$ als Ausgangs- und als Zielmengen haben, zumeist beschränken sich die Betrachtungen sogar auf die Menge $\mathbb{N}_0$ oder die Menge $\mathbb{N}$. Beispiele sind Potenzen, Faktorielle, Fakultät, Binomialkoeffizienten oder Stirlingzahlen. Viele dieser Betrachtungen kann man erweitern auf die Menge $\mathbb{R}$ der reellen oder sogar auf die Menge $\mathbb{C}$ der komplexen Zahlen. So kann man die Definition der fallenden Faktoriellen auf komplexe Zahlen erweitern, indem man für $x \in \mathbb{C}$ und $k \in \mathbb{N}_0$ rekursiv festlegt:

$$
\begin{aligned}
x^{\underline{0}} &= 1 \\
x^{\underline{k}} &= x^{\underline{k-1}}\,(\,x - k + 1\,) \ \text{ für } \ k \geq 1
\end{aligned}
\tag{6.1}
$$

In expliziter Darstellung ergibt sich für $k \geq 1$

$$
x^{\underline{k}} = x(x-1)(x-2)\ldots(x-k+1) = \prod_{i=0}^{k-1}(\,x-i\,)
\tag{6.2}
$$

Analog kann man mit der steigenden Faktoriellen verfahren:

$$x^{\overline{0}} = 1$$
$$x^{\overline{k}} = x^{\overline{k-1}}\,(\,x + k - 1\,) \ \text{ für } \ k \geq 1 \tag{6.3}$$

In expliziter Darstellung ergibt sich für $k \geq 1$

$$x^{\overline{k}} = x(x+1)(x+2)\ldots(x+k-1) = \prod_{i=0}^{k-1}(\,x+i\,) \tag{6.4}$$

Folgerung 6.1 Es sei $x \in \mathbb{C}$ und $k, n \in \mathbb{N}_0$. Für die Faktoriellen gelten folgende Eigenschaften:

a) $0^{\underline{k}} = 0^{\overline{k}} = 0$ für $k \geq 1$,

b) $1^{\overline{k}} = k!$,

c) $k^{\underline{k}} = k^{\underline{k-1}} = k!$,

d) $n^{\underline{k}} = 0$ für $n \geq 0$ und $k \geq n + 1$,

e) $x^{\underline{1}} = x^{\overline{1}} = x$,

f) $x^{\underline{k}} = (-1)^k \cdot (-x)^{\overline{k}}$ und damit $(-x)^{\overline{k}} = (-1)^k \cdot x^{\underline{k}}$,

g) $x^{\overline{k}} = (-1)^k \cdot (-x)^{\underline{k}}$ und damit $(-x)^{\underline{k}} = (-1)^k \cdot x^{\overline{k}}$,

h) $(x+1)^{\underline{k}} = (x+1) \cdot x^{\underline{k-1}}$, für $k \geq 1$,

i) $x^{\overline{k}} = x \cdot (x+1)^{\overline{k-1}}$, für $k \geq 1$. $\qquad\qquad\square$

Wir verallgemeinern ebenfalls den Binomialkoeffizienten und definieren für $x \in \mathbb{C}$ und $k \in \mathbb{Z}$:

$$\binom{x}{k} = \begin{cases} \frac{x^{\underline{k}}}{k!}, & k \geq 0 \\ 0, & k < 0 \end{cases}$$

Die Eigenschaften, die wir in den bisherigen Kapiteln kennengelernt haben, bleiben für diese Erweiterungen erhalten. So gilt z.B. weiterhin die Eigenschaft (1.18)

$$\binom{x}{k} = \binom{x-1}{k} + \binom{x-1}{k-1} \tag{6.5}$$

jetzt sogar für alle $x \in \mathbb{C}$ und alle $k \in \mathbb{Z}$.

 Übungsaufgaben

6.1 Beweisen sie die Gleichung (6.5)! $\qquad\qquad\square$

In der Analysis betrachtet man in der Regel Funktionen $f : \mathbb{R} \to \mathbb{R}$ für die gilt, dass, wenn sie für ein $x \in Def(f)$ definiert sind, auch in jeder ε-Umgebung von x definiert sind, d.h. für ein $\varepsilon \in \mathbb{R}$ mit $\varepsilon > 0$ ist das Intervall $I(x,\varepsilon) = \{y \in \mathbb{R} : |x - y| < \varepsilon\} \subseteq Def(f)$. Typische Beispiele sind Polynome, Exponentialfunktionen und trigonometrische Funktionen. Bei den obigen Beispielen und auch bei den in den vorhergehenden Kapiteln betrachteten Funktionen handelt es sich nicht um Funktionen dieser Art, denn deren Argumente liegen nicht beliebig nahe beieinander. Für (ein festes) $x \in \mathbb{R}$ sind z.B. bei den Faktoriellen $x^{\underline{k}}$ und $x^{\overline{k}}$ $x - 1$ bzw. $x + 1$ die nächsten Argumente, wofür diese Funktionen definiert sind, und nicht Argumente $y \in I(x,\varepsilon)$ für beliebige $\varepsilon > 0$.

Allgemein ist $D \subset \mathbb{R}$ eine *diskrete Menge* genau dann, wenn zu jedem $x \in D$ ein $\varepsilon_x > 0$ existiert, so dass $I(x,\varepsilon_x) \cap D = \{x\}$, d.h. $(I(x,\varepsilon_x) \cap D) - \{x\} = \emptyset$ ist. Es folgt unmittelbar, dass $\mathbb{Z}$ eine diskrete Menge ist, denn für jedes Element $x \in \mathbb{Z}$ können wir ein ϵ_x mit $0 < \varepsilon_x < 1$ wählen, so dass $I(x,\varepsilon_x) \cap \mathbb{Z} = \{x\}$ gilt.

Übungsaufgaben

6.2 Zeigen Sie, dass die Menge

$$A = \left\{ \frac{1}{n} \mid n \in \mathbb{N} \right\} = \left\{ 1, \frac{1}{2}, \frac{1}{3}, \dots \right\}$$

diskret ist! □

Wenn wir z.B.

$$\varepsilon_n = \frac{1}{n(n + 2)}$$

wählen, dann gilt für jedes $n \geq 2$

$$\frac{1}{n + 1} < \frac{1}{n} - \varepsilon_n \text{ und } \frac{1}{n} + \varepsilon_n < \frac{1}{n - 1}$$

und damit $I\left(\frac{1}{n},\varepsilon_n\right) \cap A = \{\frac{1}{n}\}$, womit die Diskretheit von A gezeigt ist. Bei unseren beiden bisherigen Beispielen für diskrete Mengen, $\mathbb{Z}$ und A, gilt, dass es zwischen zwei Elementen dieser Mengen jeweils nur endlich viele Elemente gibt. Diese Eigenschaft gilt aber nicht generell für diskrete Mengen. Als Beispiel erweitern wir die Menge A um ihre negativen Elemente, d.h. wir betrachten die Menge

$$A' = A \cup \left\{ -\frac{1}{n} \mid n \in \mathbb{N} \right\} - \left\{ 1, \frac{1}{2}, \frac{1}{3}, \dots \right\} \cup \left\{ -1, -\frac{1}{2}, -\frac{1}{3}, \dots \right\}$$

A' ist ebenfalls diskret; zwischen -1 und 1 liegen allerdings unendlich viele Elemente von A' (nämlich alle außer -1 und 1).

Fügt man zur Menge A' noch 0 als Element hinzu, dann ist die resultierende Menge, die wir A'' nennen wollen, nicht mehr diskret. Denn so klein wir ε auch wählen, es liegen fast alle, d.h. bis auf endlich viele, Elemente von A'' in der ε-Umgebung von 0: Für ein gewähltes $\varepsilon > 0$ brauchen wir nur $n_\varepsilon = \frac{1}{\varepsilon}$ zu wählen, dann gilt $-\frac{1}{n}, \frac{1}{n} \in I(0, \varepsilon)$ für alle $n > n_\varepsilon$.

Diskrete Mengen sind abzählbar, d.h. für eine diskrete Menge A kann man eine Bijektion, d.h. eine totale, injektive und surjektive Zuordnung $\sigma : A \to \mathbb{Z}$ angeben. Aus diesem Grund kann man $\mathbb{Z}$ als „Prototyp" für alle diskreten Mengen betrachten. Auf dieser Basis verwenden wir bei den folgenden Betrachtungen die folgende Definiton für diskrete Menge.

Diskrete Menge

Definition 6.1 **a)** Eine Menge $D \subset \mathbb{R}$ heißt *diskret* genau dann, wenn für alle $x, y \in D$ mit $x \neq y$ gilt: $|x - y| = 1$.

b) Für $x \in \mathbb{R}$ sei $D_x = \{x + h \mid h \in \mathbb{Z}\}$. □

Folgerung 6.2 **a)** Für jedes $x \in \mathbb{R}$ ist $D_x = \{x + h \mid h \in \mathbb{Z}\}$ eine diskrete Menge.

b) Es ist $D_n = \mathbb{Z}$ für alle $n \in \mathbb{Z}$. □

Diskrete Funktion

Definition 6.2 Für $x \in \mathbb{R}$ heißt die Funktion $f : D_x \to \mathbb{R}$ *diskret in* x. □

Funktionen $f : \mathbb{Z} \to \mathbb{R}$, wie wir sie in den vorhergehenden Kapiteln betrachtet haben, sind per se diskret. Für die folgenden Betrachtungen vereinbaren wir, dass dann, wenn wir $f(i), f(j), f(k), f(m)$ oder $f(n)$ schreiben, eine Funktion $f : \mathbb{Z} \to \mathbb{R}$, und wenn wir $f(x), f(y)$ oder $f(z)$ schreiben, eine diskrete Funktion $f : D_x \to \mathbb{R}$, $f : D_y \to \mathbb{R}$ bzw. $f : D_z \to \mathbb{R}$ (für $x, y, z \in \mathbb{R}$) gemeint ist. So ist z.B. $f(n) = n!$ die bekannte Fakultätsfunktion, und $f(x) = x^{\underline{k}}$ ist die in Gleichung (6.2) definierte fallende Faktorielle (mit x als Variable, die alle Werte in D_x annehmen kann, und einem beliebigen, aber festen $k \in \mathbb{N}_0$ als Konstante).

6.2 Differenzenoperatoren und diskrete Ableitungen

Ableitungs-operator

Differenzen-quotient

Aus der Analysis kennen wir den *Ableitungsoperator* $\mathcal{D}$, auch *Differenzial-operator* genannt: Für eine Funktion $f : \mathbb{R} \to \mathbb{R}$ ist die Ableitung im Punkt x definiert durch den *Differenzenquotienten*

$$\mathcal{D}f(x) = \lim_{h \to 0} \frac{f(x + h) - f(x)}{h} = \lim_{y \to x} \frac{f(x) - f(y)}{x - y} \tag{6.6}$$

Ableitung

Man nennt, falls der entsprechende Grenzwert existiert, $f'(x) = \mathcal{D}f(x)$ oder $\frac{d}{dx} f(x) = \mathcal{D}f(x)$ auch die *Ableitung* von f in x. $f'(x)$ gibt die Steigerung, sprich die Änderungsrate, der Funktion f in x an, geometrisch ist das die Steigung der Tangente an die Kurve von $f(x)$ in x.

Falls f diskret ist, dann ist die kleinst mögliche Differenz $h = 1$. Vom Differenzenquotienten (6.6) bleibt dann noch

$$\Delta f(x) = f(x+1) - f(x) \qquad (6.7)$$

bzw.

$$\nabla f(x) = f(x) - f(x-1) \qquad (6.8)$$

Wir nennen Δf den *diskreten (Vorwärts-) Differenzenoperator* oder auch die *diskrete (Vorwärts-) Ableitung* von f. Entsprechend heißt ∇f *diskreter (Rückwärts-) Differenzenoperator* und *diskrete (Rückwärts-) Ableitung* von f.

Diskreter Differenzenoperator

Diskrete Ableitung

Für die weiteren Betrachtungen führen wir noch zwei weitere Operatoren ein.

Definition 6.3 Sei f diskret und $h \in \mathbb{Z}$.

a) Der Operator $\mathcal{E}^h$ definiert durch

$$\mathcal{E}^h f(x) = f(x+h)$$

heißt *Translationsoperator*. Für $h = 1$ schreiben wir $\mathcal{E}$ anstelle $\mathcal{E}^1$.

Translationsoperator

b) $\mathcal{J} = \mathcal{E}^0$ heißt *Identitätsoperator*

Identitätsoperator

c) Es seien $\mathcal{O}_1$ und $\mathcal{O}_2$ zwei Operatoren und *op* eine Verknüpfung für diskrete Funktionen (z.B. Addition, Multiplikation). Dann ist $\mathcal{O}_1 \, op \, \mathcal{O}_2$ definiert durch

$$(\mathcal{O}_1 \, op \, \mathcal{O}_2)f = \mathcal{O}_1 f \, op \, \mathcal{O}_2 f$$

d) Es seien $\mathcal{O}_1$ und $\mathcal{O}_2$ zwei Operatoren und f eine diskrete Funktion. Dann ist die Komposition $\circ$ von $\mathcal{O}_1$ und $\mathcal{O}_2$ durch

$$(\mathcal{O}_1 \circ \mathcal{O}_2)f = \mathcal{O}_1(\mathcal{O}_2 f)$$

definiert.

e) Für einen Operator $\mathcal{O}$ sei $\mathcal{O}^0 = \mathcal{J}$ und $\mathcal{O}^{n+1} = \mathcal{O}^n \circ \mathcal{O}$ für $n \geq 0$. $\qquad \square$

Beispiel 6.1 f sei eine diskrete Funktion, definiert durch $f(x) = x^2$. Dann gilt

a) $\mathcal{E}f(x) = (x+1)^2 = x^2 + 2x + 1$.

b) $\mathcal{E}^{-1}f(x) = (x-1)^2 = x^2 - 2x + 1$.

c) $\Delta f(x) = f(x+1) - f(x) = (x+1)^2 - x^2 = 2x + 1$.

d) $\nabla f(x) = f(x) - f(x-1) = x^2 - (x-1)^2 = 2x - 1$. $\qquad \square$

Der Translationsoperator kann verwendet werden, um Differenzengleichungen zu definieren. So kann z.B. die Gleichung

$$3f(n+2) + f(n+1) - 2f(n) = n^2 + 1$$

auch geschrieben werden als

$$3\mathcal{E}^2 f(n) + \mathcal{E}f(n) - 2\mathcal{J}f(n) = n^2 + 1$$

und damit wie folgt:

$$(3\mathcal{E}^2 + \mathcal{E} - 2\mathcal{J})f(n) = n^2 + 1$$

 Übungsaufgaben

6.3 In den folgenden Aufgaben sei die jeweils definierte Funktion diskret.

(1) Berechnen Sie Δf und ∇f für $f(x) = x^3$!

(2) Es sei $c \in \mathbb{Z}$ und $f(x) = c^x$. Berechnen Sie Δf und ∇f allgemein und speziell für $c = 2$!

(3) Es sei $k \in \mathbb{Z}$ und $f(x) = x^k$. Berechnen Sie Δf! $\qquad \square$

Des Weiteren erinnern wir daran, dass für Funktionen $f, g : \mathbb{R} \to \mathbb{R}$ und einer Verknüpfung $op \in \{+, -, \cdot, :\}$ sowie für $\alpha \in \mathbb{R}$ üblicherweise festgelegt ist:

$$\begin{aligned}
(f \, op \, g)(x) &= f(x) \, op \, g(x) \\
(\alpha \cdot f)(x) &= \alpha \cdot f(x)
\end{aligned} \tag{6.9}$$

Aus den bisherigen Definitionen folgt unmittelbar

Folgerung 6.3 Seien f und g diskrete Funktionen, $\alpha, \beta \in \mathbb{R}$ sowie $op \in \{+, -, \cdot, :\}$, dann gilt

a) $\mathcal{J}f = f$,

b) $\Delta = \mathcal{E} - \mathcal{J}$,

c) $\nabla = \mathcal{J} - \mathcal{E}^{-1}$,

d) $\Delta^k \left(\Delta^l f \right) = \Delta^{k+l} f$,

e) $\mathcal{J} \left(\alpha \cdot f \, op \, \beta \cdot g \right) = \alpha \cdot \mathcal{J}f \, op \, \beta \cdot \mathcal{J}g$.

f) $\mathcal{E} \left(\alpha \cdot f \, op \, \beta \cdot g \right) = \alpha \cdot \mathcal{E}f \, op \, \beta \cdot \mathcal{E}g$. $\qquad \square$

Übungsaufgaben

6.4 Beweisen Sie die Folgerung 6.3! □

Aus der Analysis bekannte Rechenregeln für Ableitungen differenzierbarer Funktionen gelten analog auch für diskrete Funktionen.

Satz 6.1 Es seien f, g und h diskrete Funktionen mit $h(x) = c$ für ein $c \in \mathbb{R}$ sowie $\alpha, \beta \in \mathbb{R}$ dann gilt:

a) $\Delta h = O.^{22}$.

b) die *Summenregel*

$$\Delta(\alpha \cdot f + \beta \cdot g) = \alpha \cdot \Delta f + \beta \cdot \Delta g$$

Summenregel

Δ ist also ein *linearer Operator* auf der Menge der diskreten Funktionen.

c) die *Produktregel*

$$\Delta(f \cdot g) = \Delta f \cdot \mathcal{E}g + f \cdot \Delta g$$

Linearer Operator

Produktregel

d) die *Quotientenregel*

$$\Delta \frac{f}{g} = \frac{\mathcal{E}g \cdot \Delta f - \mathcal{E}f \cdot \Delta g}{g \cdot \mathcal{E}g}$$

Quotienten-regel

Beweis Alle vier Behauptungen beweisen wir mithilfe der Definitionen 6.3 und der Folgerungen 6.3.

a) Es ist

$$\Delta h = (\mathcal{E} - \mathcal{J}) h = \mathcal{E}h - \mathcal{J}h = \mathcal{E}c - \mathcal{J}c = c - c = 0 = O$$

b) Es ist mit Folgerung 6.3 b), f) und Definiton 6.3 c):

$$\Delta(\alpha \cdot f + \beta \cdot g) = (\mathcal{E} - \mathcal{J})(\alpha \cdot f + \beta \cdot g)$$
$$= \mathcal{E}(\alpha \cdot f + \beta \cdot g) - \mathcal{J}(\alpha \cdot f + \beta \cdot g)$$
$$= \alpha \cdot \mathcal{E}f + \beta \cdot \mathcal{E}g - \alpha \cdot \mathcal{J}f - \beta \cdot \mathcal{J}g$$
$$= \alpha \cdot (\mathcal{E} - \mathcal{J}) f + \beta \cdot (\mathcal{E} - \mathcal{J}) g$$
$$= \alpha \cdot \Delta f + \beta \cdot \Delta g$$

---

22 $O : \mathbb{R} \to \mathbb{R}$ definiert durch $O(x) = 0$ für alle $x \in \mathbb{R}$ ist die *Nullfunktion*.

c) Es ist mit Folgerung 6.3 a), b), f) und Definiton 6.3 c):

$$\Delta(f \cdot g) = (\mathcal{E} - \mathcal{J})(f \cdot g)$$
$$= \mathcal{E}(f \cdot g) - \mathcal{J}(f \cdot g)$$
$$= \mathcal{E}f \cdot \mathcal{E}g - \mathcal{J}f \cdot \mathcal{J}g$$
$$= \mathcal{E}f \cdot \mathcal{E}g - \mathcal{J}f \cdot \mathcal{E}g + \mathcal{J}f \cdot \mathcal{E}g - \mathcal{J}f \cdot \mathcal{J}g$$
$$= \mathcal{E}f \cdot \mathcal{E}g - \mathcal{J}f \cdot \mathcal{E}g + f \cdot \mathcal{E}g - f \cdot \mathcal{J}g$$
$$= (\mathcal{E}f - \mathcal{J}f) \cdot \mathcal{E}g + f \cdot (\mathcal{E}g - \mathcal{J}g)$$
$$= (\mathcal{E} - \mathcal{J})f \cdot \mathcal{E}g + f \cdot (\mathcal{E} - \mathcal{J})g$$
$$= \Delta f \cdot \mathcal{E}g + f \cdot \Delta g$$

d) Es ist mit Folgerung 6.3 a), b), f) und Definiton 6.3 c):

$$\Delta \frac{f}{g} = (\mathcal{E} - \mathcal{J})\frac{f}{g}$$

$$= \mathcal{E}\frac{f}{g} - \mathcal{J}\frac{f}{g}$$

$$= \frac{\mathcal{E}f}{\mathcal{E}g} - \frac{\mathcal{J}f}{\mathcal{J}g}$$

$$= \frac{\mathcal{E}f \cdot \mathcal{J}g - \mathcal{E}g \cdot \mathcal{J}f}{\mathcal{J}g \cdot \mathcal{E}g}$$

$$= \frac{\mathcal{E}g \cdot \mathcal{E}f - \mathcal{E}g \cdot \mathcal{J}f - \mathcal{E}f \cdot \mathcal{E}g + \mathcal{E}f \cdot \mathcal{J}g}{g \cdot \mathcal{E}g}$$

$$= \frac{\mathcal{E}g \cdot (\mathcal{E} - \mathcal{J})f - \mathcal{E}f \cdot (\mathcal{E} - \mathcal{J})g}{g \cdot \mathcal{E}g}$$

$$= \frac{\mathcal{E}g \cdot \Delta f - \mathcal{E}f \cdot \Delta g}{g \cdot \mathcal{E}g}$$

Damit sind alle vier Aussagen bewiesen.   □

 ### Übungsaufgaben

6.5 Beweisen Sie die vier Aussagen des Satzes 6.1 durch Nachrechnen gemäß der Definition (6.7) des Differenzenoperators Δ und der Festlegungen (6.9)!

Aus der Analysis wissen wir, dass für die Exponentialfunktion $f(x) = e^x$ gilt: $f'(x) = \mathcal{D}f(x) = f(x)$. Suchen wir eine diskrete Funktion mit der Eigenschaft $\Delta f(x) = f(x)$, dann muss $f(x+1) - f(x) = f(x)$, d.h. $f(x+1) = 2f(x)$ sein. Diese Eigenschaft erfüllt die Funktion $f(x) = 2^x$. In der Tat haben wir in Übung 6.3 (2) gezeigt, dass für den Differenzenquotienten diese Eigenschaft die Funktion $f(x) = 2^x$ besitzt, denn für diese Funktion gilt: $\Delta f(x) = f(x)$.[23]

Der folgende Satz gibt die Vorwärts- und Rückwärtsableitungen der steigenden und der fallenden Faktoriellen an.

Satz 6.2 Es gilt:

(1) $\Delta x^{\underline{k}} = k\, x^{\underline{k-1}}$,

(2) $\Delta x^{\overline{k}} = k\,(x+1)^{\overline{k-1}}$,

(3) $\nabla x^{\underline{k}} = k\,(x-1)^{\underline{k-1}}$,

(4) $\nabla x^{\overline{k}} = k\, x^{\overline{k-1}}$. □

Übungsaufgaben

6.6 Beweisen Sie Satz 6.2! □

Für $k = 0$ gelten die Behauptungen offensichtlich. Es sei also $k \geq 1$. Wir benutzen die Definitionen (6.1) und (6.3) sowie Folgerung 6.1 h) und i) und rechnen

zu (1):

$$\begin{aligned}
\Delta x^{\underline{k}} &= (x+1)^{\underline{k}} - x^{\underline{k}} \\
&= (x+1) \cdot x^{\underline{k-1}} - x^{\underline{k-1}} \cdot (x-k+1) \\
&= (x+1 - (x-k+1)) \cdot x^{\underline{k-1}} \\
&= k \cdot x^{\underline{k-1}}
\end{aligned} \tag{6.10}$$

zu (2):

$$\begin{aligned}
\Delta x^{\overline{k}} &= (x+1)^{\overline{k}} - x^{\overline{k}} \\
&= (x+1)^{\overline{k-1}} \cdot (x+k) - x \cdot (x+1)^{\overline{k-1}} \\
&= (x+k-x) \cdot (x+1)^{\overline{k-1}} \\
&= k \cdot (x+1)^{\overline{k-1}}
\end{aligned} \tag{6.11}$$

---

23 Genauer betrachtet gilt diese Eigenschaft für alle Funktionen $f(x) = c \cdot 2^x$, $c \in \mathbb{R}$.

zu (3):

$$\begin{aligned}
\nabla x^{\underline{k}} &= x^{\underline{k}} - (x-1)^{\underline{k}} \\
&= x \cdot (x-1)^{\underline{k-1}} - (x-1)^{\underline{k-1}} \cdot (x-k) \\
&= (x - (x-k)) \cdot (x-1)^{\underline{k-1}} \\
&= k \cdot (x-1)^{\underline{k-1}}
\end{aligned} \tag{6.12}$$

zu (4):

$$\begin{aligned}
\nabla x^{\overline{k}} &= x^{\overline{k}} - (x-1)^{\overline{k}} \\
&= x^{\overline{k-1}} \cdot (x+k-1) - (x-1) \cdot x^{\overline{k-1}} \\
&= (x+k-1 - (x-1)) \cdot x^{\overline{k-1}} \\
&= k \cdot x^{\overline{k-1}}
\end{aligned} \tag{6.13}$$

Die Ergebnisse (6.10) und (6.13) sind also bei der Vorwärtsableitung der fallenden Faktoriellen bzw. bei Rückwärtsableitung der steigenden Faktoriellen analog zur Ableitung der Potenz x^k im stetigen Fall:

$$\frac{d}{dx} x^k = k\, x^{k-1}$$

Wir haben die Faktoriellen bisher nur für $k \geq 0$ betrachtet. Nun wollen wir die Betrachtung auf $k \in \mathbb{Z}$ erweitern. Ein sinnvolles Kriterium ist, dass sich die Multiplikation von Faktoriellen wie das Rechnen mit „normalen" Potenzen verhält, bei dem ja z.B. für $a \in \mathbb{R}$ und $r, s \in \mathbb{Z}$

$$a^r \cdot a^s = a^{r+s}$$

gilt, d.h. insbesondere gilt

$$\frac{a^r}{a^s} = a^{r-s}$$

für $a \in \mathbb{R}$ und $r, s \in \mathbb{Z}$. Analoges sollte auch für die Faktoriellen gelten, die anscheinend im Diskreten die Rolle der Potenzfunktionen übernehmen.

Allgemein gilt für $k \geq 1$

$$\frac{x^{\underline{k}}}{x^{\underline{k-1}}} = x - k + 1 = x - (k-1) \tag{6.14}$$

also z.B.

$$\frac{x^{\underline{3}}}{x^{\underline{2}}} = x - 2$$

$$\frac{x^{\underline{2}}}{x^{\underline{1}}} = x - 1$$

$$\frac{x^{\underline{1}}}{x^{\underline{0}}} = x$$

Die Gleichung (6.14) konsequent auch für negative Exponenten angewendet erfordert, dass

$$\frac{x^{\underline{0}}}{x^{\underline{-1}}} = \frac{1}{x^{\underline{-1}}} = x+1$$

sein sollte. Deshalb setzen wir

$$x^{\underline{-1}} = \frac{1}{x+1}$$

Genauso sollte

$$\frac{x^{\underline{-1}}}{x^{\underline{-2}}} = \frac{\frac{1}{x+1}}{x^{\underline{-2}}} = x+2$$

sein. Damit ergibt sich

$$x^{\underline{-2}} = \frac{1}{(x+1)(x+2)}$$

Wenn wir nun noch entsprechende Überlegungen für die steigende Faktorielle anstellen, kommen wir insgesamt zu folgenden sinnvollen Definitionen:

$$x^{\underline{k}} = x(x-1)(x-2)\dots(x-k+1) \qquad\qquad \text{für } k \geq 0 \qquad (6.15)$$

$$x^{\underline{-k}} = \frac{1}{(x+1)(x+2)\dots(x+k)} = \frac{1}{(x+1)^{\overline{k}}} \qquad \text{für } k > 0 \qquad (6.16)$$

$$x^{\overline{k}} = x(x+1)(x+2)\dots(x+k-1) \qquad\qquad \text{für } k \geq 0 \qquad (6.17)$$

$$x^{\overline{-k}} = \frac{1}{(x-1)(x-2)\dots(x-k)} = \frac{1}{(x-1)^{\underline{k}}} \qquad \text{für } k > 0 \qquad (6.18)$$

Somit haben wir beide Faktoriellen für alle $k \in \mathbb{Z}$ definiert.

Folgerung 6.4 Die additiven Potenzgesetze[24] lauten für die Faktoriellen: Für alle $m, n \in \mathbb{Z}$ gilt

a) $x^{\underline{m+n}} = x^{\underline{m}}(x-m)^{\underline{n}}$ und damit für $n = 1$: $x x^{\underline{m}} = x^{\underline{m+1}} + m x^{\underline{m}}$,

b) $x^{\overline{m+n}} = x^{\overline{m}}(x+m)^{\overline{n}}$ und damit für $n = 1$: $x x^{\overline{m}} = x^{\overline{m+1}} - m x^{\overline{m}}$.

c) Des Weiteren gilt $x^{\underline{m-m}} = 1$ und $x^{\overline{m-m}} = 1$.   □

---

24 Diese lauten ja für „übliche" Potenzen: $x^m \cdot x^n = x^{m+n}$.

Übungsaufgaben

6.7 Beweisen Sie Folgerung 6.4!

6.8 Es sei $k \in \mathbb{N}$. Berechnen Sie

(1)$\Delta\, x^{\underline{-k}}$ und

(2) $\nabla x^{\overline{-k}}$!   □

Wir rechnen mithilfe von (6.16) und (6.18):

$$\nabla x^{\underline{-k}} = (x+1)^{\underline{-k}} - x^{\underline{-k}}$$

$$= \frac{1}{(x+2)^{\overline{k}}} - \frac{1}{(x+1)^{\overline{k}}}$$

$$= \frac{(x+1) - (x+k+1)}{(x+1)^{\overline{k+1}}}$$

$$= -k\, x^{\underline{-k-1}} \tag{6.19}$$

$$\Delta x^{\overline{-k}} = x^{\overline{-k}} - (x-1)^{\overline{-k}}$$

$$= \frac{1}{(x-1)^{\underline{k}}} - \frac{1}{(x-2)^{\underline{k}}}$$

$$= \frac{(x-k-1) - (x-1)}{(x-1)^{\underline{k-1}}}$$

$$= -k\, x^{\overline{-k-1}} \tag{6.20}$$

Aus Satz 6.2 (1) und (4) sowie aus (6.19) bzw. (6.20) folgt

Satz 6.3 Für alle $k \in \mathbb{Z}$ gilt

a) $\Delta x^{\underline{k}} = k\, x^{\underline{k-1}}$ sowie

b) $\nabla x^{\overline{k}} = k\, x^{\overline{k-1}}$.   □

Beide Faktoriellen verhalten sich also bei der diskreten Vorwärtsableitung wie die Differentiation der (stetigen) Funktion x^k: $\frac{\mathrm{d}}{\mathrm{d}x} x^k = k\, x^{k-1}$.

Übungsaufgaben

6.9 Berechnen Sie

(1)$\Delta^m x^{\underline{k}}$,

(2)$\Delta \binom{x}{k}$!   □

Auf der Basis von Satz 6.3 kann mit vollständiger Induktion gezeigt werden, dass für $m \in \mathbb{N}_0$ und $k \in \mathbb{Z}$

$$\Delta^m x^{\underline{k}} = k \cdot (k-1) \cdot \ldots \cdot (k-m+1) \cdot x^{\underline{k-m}}$$
$$= k^{\underline{m}} x^{\underline{k-m}} \tag{6.21}$$

gilt. Des Weiteren gilt:

$$\Delta \binom{x}{k} = \Delta \frac{x^{\underline{k}}}{k!} = \frac{k x^{\underline{k-1}}}{k!} = \frac{x^{\underline{k-1}}}{(k-1)!} = \binom{x}{k-1} \tag{6.22}$$

6.3   Polynomdarstellung diskreter Funktionen

Wegen Folgerung 6.3 b) folgt für $m \geq 0$

$$\Delta^m = (\mathcal{E} - \mathcal{J})^m$$

Mithilfe der binomischen Formel (1.23) folgt rein schematisch

$$\Delta^n = (\mathcal{E} - \mathcal{J})^n = \sum_{k=0}^n \binom{n}{k} \mathcal{E}^k \cdot (-1)^{n-k} \cdot \mathcal{J}^{n-k} = \sum_{k=0}^n \binom{n}{k} (-1)^{n-k} \cdot \mathcal{E}^k$$

Hieraus folgt unmittelbar

Satz 6.4 Sei f eine diskrete Funktion, dann gilt

$$\Delta^n f(x) = \sum_{k=0}^n (-1)^{n-k} \binom{n}{k} f(x+k) \tag{6.23}$$

für alle $n \geq 0$.   □

Folgerung 6.5 **a)** Die n-te diskrete Ableitung $\Delta^n f(x)$ einer diskreten Funktion f kann also berechnet werden, ohne diese Ableitung zu bestimmen, nämlich alleine durch die Kenntnis der Funktionswerte

$$f(x), f(x+1), \ldots, f(x+n)$$

b) Für eine diskrete Funktion f gilt

$$\Delta^n f(0) = \sum_{k=0}^{n} (-1)^{n-k} \binom{n}{k} f(k)$$

c) Für die Funktion $f(x) = x^m$ gilt

$$\Delta^n x^m = \sum_{k=0}^{n} (-1)^{n-k} \binom{n}{k} (x+k)^m$$

sowie

$$(\Delta^n x^m)_{x=0} = \sum_{k=0}^{n} (-1)^{n-k} \binom{n}{k} k^m \tag{6.24}$$

wobei wir die n-te diskrete Ableitung von x^m an der Stelle $x = a$ mit $(\Delta^n x^m)_{x=a}$ notieren, weil die Darstellung $\Delta^n a^m$ in diesem Zusammenhang missverständlich ist. $\square$

Übungsaufgaben

6.10 Berechnen Sie $(\Delta^2 x^4)_{x=0}$! $\square$

Diskretes Polynom

Für $f_i \in \mathbb{R}$, $0 \le i \le n$, mit $f_n \neq 0$ heißt

$$f(x) = \sum_{i=0}^{n} f_i x^i$$

ein *diskretes Polynom vom Grad n* in x. Die f_i heißen *Koeffizienten* von f; f ist durch seine Koeffizienten festgelegt.

Taylor-Entwicklung

Für stetige Polynome gilt $f_i = \frac{f^{(i)}(0)}{i!}$, und

$$f(x) = \sum_{i=0}^{n} \frac{f^{(i)}(0)}{i!} x^i$$

heißt *Taylor-Entwicklung* von f (an der Stelle 0).

Wir wollen überlegen, dass für diskrete Polynome f eine analoge Darstellung gilt, nämlich

$$f(x) = \sum_{k=0}^{n} \frac{\Delta^k f(0)}{k!} x^{\underline{k}}$$

$$= \sum_{k=0}^{n} \binom{x}{k} \Delta^k f(0)$$

(6.25)

Diese Darstellung des Polynoms f heißt auch *Newton-Darstellung*.

Newton-Darstellung

Es gilt wegen der Summenregel und wegen (6.21)

$$\Delta^k f(x) = \Delta^k \sum_{i=0}^{n} f_i x^{\underline{i}}$$

$$= \sum_{i=0}^{n} f_i \cdot \Delta^k x^{\underline{i}}$$

$$= \sum_{i=0}^{n} f_i \cdot i^{\underline{k}} x^{\underline{i-k}}$$

Für $i < k$ gilt $i^{\underline{k}} = 0$ und für $k > i$ ist $x^{\underline{i-k}} = 0$ für $x = 0$. Damit folgt

$$\Delta^k f(0) = f_k \cdot k^{\underline{k}} 0^{\underline{k-k}} = f_k \cdot k!$$

und damit

$$f_k = \frac{\Delta^k f(0)}{k!}$$

womit (6.25) gezeigt ist.

Wir wenden diese Darstellung auf das Polynom $f(x) = x^n$ an. Es ist also gemäß (6.25)

$$x^n = \sum_{k=0}^{n} \frac{(\Delta^k x^n)_{x=0}}{k!} x^{\underline{k}}$$

(6.26)

Satz 2.6 besagt, dass

$$x^n = \sum_{k=0}^{n} S_{n,k} \cdot x^{\underline{k}}$$

ist. Koeffizientenvergleich mit (6.26) liefert

$$S_{n,k} = \frac{(\Delta^k x^n)_{x=0}}{k!}$$

(6.27)

Satz 6.4 angewendet auf unsere Funktion $f(x) = x^n$ für $x = 0$ liefert

$$(\Delta^k x^n)_{x=0} = \sum_{i=0}^{k} (-1)^{k-i} \binom{k}{i} i^n \tag{6.28}$$

Aus (6.27) und (6.28) erhalten wir eine Summendarstellung für die Stirling-zahlen zweiter Art:

$$S_{n,k} = \frac{1}{k!} \sum_{i=0}^{k} (-1)^{k-i} \binom{k}{i} i^n$$

Aus (6.27) und Satz 2.5 d) folgt im Übrigen, dass die Anzahl der totalen surjektiven Funktionen von einer n-elementigen Menge in eine k-elementige Menge gleich $(\Delta^k x^n)_{x=0}$ ist.

6.4   Diskrete Stammfunktionen und Summation

Der Hauptsatz der Differential- und Integralrechnung besagt: Es ist

$$\int g(x)\, dx = f(x) + C \text{ genau dann, wenn } \frac{d}{dx} f(x) = g(x)$$

ist, wobei C eine beliebige Konstante ist. $\int g(x)\, dx$ heißt unbestimmtes Integral von $g(x)$. f heißt Stammfunktion von g. Wir übertragen diese Definitionen auf den diskreten Fall.

6.4.1   Definitionen und elementare Eigenschaften

Diskrete Stammfunktion

Definition 6.4   Die diskrete Funktion f heißt *(diskrete) Stammfunktion* der diskreten Funktion g genau dann, wenn $\Delta f(x) = g(x)$ gilt. Wir schreiben

$$f(x) = \sum g(x)\, \delta(x) + C(x)$$

wobei $C(x)$ eine beliebige diskrete Funktion mit der Eigenschaft $C(x+1) = C(x)$ ist.[25] $\sum g(x)\, \delta(x)$ heißt *unbestimmte Summe* von g.   □

Unbestimmte Summe

In der Analysis werden (z.B. zur Flächenberechnung unter Kurven) bestimmte Integrale betrachtet: Gilt $\frac{d}{dx} f(x) = g(x)$, dann ist

$$\int_a^b g(x)\, dx = f(x)\big|_a^b = f(b) - f(a)$$

---

25   $C(x)$ kann z.B. eine periodische Funktion sein wie $C(x) = a + b\sin 2\pi x$. Für Funktionen mit der Eigenschaft $C(x + 1) = C(x)$ gilt $\Delta C(x) = 0$, diese stellen somit das Analogon zu konstanten Funktionen in der Analysis dar.

Analog setzen wir im diskreten Fall, wenn $\Delta f(x) = g(x)$ ist, für $a, b \in \mathbb{Z}$ mit $b \geq a$

$$\sum_a^b g(x)\,\delta(x) = f(x)\big|_a^b = f(b) - f(a) \tag{6.29}$$

und nennen $\sum_a^b g(x)\,\delta(x)$ die *bestimmte Summe* von g in den Grenzen a und b. Aus dieser Definition folgt

Bestimmte Summe

Folgerung 6.6 Sei f eine Stammfunktion von g sowie $a, b, c \in \mathbb{Z}$ mit $c \geq b \geq a$. Dann gilt:

a) $\sum_a^a g(x)\,\delta x = 0$,

b) $\sum_a^b g(x)\,\delta x + \sum_b^c g(x)\,\delta x = \sum_a^c g(x)\,\delta x$,

c) $\sum_a^b g(x)\,\delta x = -\sum_b^a g(x)\,\delta x$,

d) $\sum_a^{a+1} g(x)\,\delta x = g(a)$,

e) $\sum_a^{b+1} g(x)\,\delta x - \sum_a^b g(x)\,\delta x = g(b)$. $\square$

Mithilfe dieser Überlegungen und vollständiger Induktion lässt sich der folgende Satz zur *diskreten Integration* beweisen.

Satz 6.5 Sei g eine diskrete Funktion sowie $a, b \in \mathbb{Z}$ mit $b > a$. Dann gilt

Diskrete Integration

$$\sum_a^b g(x)\,\delta x = \sum_{k=a}^{b-1} g(k) = \sum_{a \leq k < b} g(k) \tag{6.30}$$

$\square$

 Übungsaufgaben

6.11 Beweisen Sie Folgerung 6.6 und Satz 6.5! $\square$

Durch Umdrehen der Gleichung (6.30) und mit (6.29) erhalten wir

Folgerung 6.7 Sei f eine Stammfunktion von g, dann gilt

$$\sum_{k=a}^{b-1} g(k) = \sum_a^b g(x)\,\delta x = f(x)\big|_a^b = f(b) - f(a) \tag{6.31}$$

6.4.2 Berechnung von Summen durch diskrete Integration

Folgerung 6.7 liefert eine Methode, um Summen der Art

$$S(g, a, b-1) = \sum_{a}^{b-1} g(k)$$

zu berechnen: Wir müssen zunächst eine Stammfunktion f zu g bestimmen und können dann damit $S(g, a, b-1) = f(b) - f(a)$ berechnen. Für die Anwendung dieser Methode geben wir im Folgenden einige Beispiele.

Als erstes wollen wir die Summe

$$S(c^k, r, s) = \sum_{k=r}^{s} c^k$$

berechnen. In Übung 4.3 (2) haben wir für $g(x) = c^x$ die Vorwärtsableitung berechnet:

$$\Delta g(x) = (c-1)c^x$$

Somit ist

$$f(x) = \frac{c^x}{c-1} \tag{6.32}$$

für $c \neq 1$ eine Stammfunktion von g.[26] Mit (6.31) und (6.32) erhalten wir

$$\sum_{k=r}^{s} c^k = \sum_{r}^{s+1} c^x \, \delta x = \left.\frac{c^x}{c-1}\right|_{r}^{s+1} = \frac{c^{s+1} - c^r}{c-1} = c^r \cdot \frac{c^{s+1-r} - 1}{c-1}$$

Dies ist für $r = 0$ die bekannte geometrische Summe

$$\sum_{k=0}^{s} c^k = \frac{c^{s+1} - 1}{c-1}$$

Ist zudem noch $c = 2$, dann haben wir

$$\sum_{k=0}^{s} 2^k = 2^{s+1} - 1$$

Aus Satz 6.3 folgt für $m \neq -1$, dass

$$f(x) = \frac{x^{m+1}}{m+1}$$

eine Stammfunktion von

$$g(x) = x^{\underline{m}}$$

---

26 Für $c = 1$ lässt sich die Summe unmittelbar angeben: $S(1^k, r, s) = \sum_{k=r}^{s} 1^k = s - r + 1$.

ist. Wir wenden Folgerung 6.7 an und erhalten für die Summe $S(k^{\underline{m}}, 0, n-1)$:

$$\sum_{k=0}^{n-1} k^{\underline{m}} = \sum_{k=0}^{n} x^{\underline{m}} \delta x = \frac{x^{\underline{m+1}}}{m+1} \Big|_0^n = \frac{n^{\underline{m+1}}}{m+1} \tag{6.33}$$

Wir betrachten den oben ausgeschlossenen Fall $m = -1$, d.h. wir wollen die Summe

$$S(k^{\underline{-1}}, 0, n-1) = \sum_{k=0}^{n-1} k^{\underline{-1}}$$

bestimmen. Wir suchen also eine Stammfunktion zur Funktion

$$g(x) = x^{\underline{-1}} = \frac{1}{x+1}$$

Sei f eine solche, d.h. es ist $\Delta f = g$, dann ist $f(x+1) - f(x) = g(x)$, also

$$f(x+1) - f(x) = \frac{1}{x+1}$$

Hieraus folgt, dass

$$f(x) = 1 + \frac{1}{2} + \frac{1}{3} + \ldots + \frac{1}{x}$$

für $x \in \mathbb{Z}$ ist, wenn wir $f(0) = 0$ setzen. $f(n)$ ist gleich der *harmonischen Zahl*

Harmonische
Zahl

$$H_n = \sum_{i=1}^{n} \frac{1}{i}$$

also gleich der Summe der ersten n Glieder der *harmonischen Reihe*

Harmonische
Reihe

$$H = \sum_{i=1}^{\infty} \frac{1}{i}$$

Es folgt also, dass die unbestimmte diskrete Summe der fallenden Faktoriellen gegeben ist durch

$$\sum x^{\underline{m}} \delta x = \begin{cases} \frac{x^{\underline{m+1}}}{m+1}, & m \neq -1 \\ \\ H_x, & m = -1 \end{cases} \tag{6.34}$$

und die bestimmte diskrete Summe durch

$$\sum_a^b x^{\underline{m}} \delta x = \begin{cases} \frac{x^{\underline{m+1}}}{m+1} \Big|_a^b, & m \neq -1 \\ \\ H_x \Big|_a^b, & m = -1 \end{cases} \tag{6.35}$$

und damit

$$\sum_{k=0}^{n-1} k^{\underline{m}} = \begin{cases} \left.\frac{x^{\underline{m+1}}}{m+1}\right|_0^n, & m \neq -1 \\[2ex] H_x\big|_0^n, & m = -1 \end{cases} \tag{6.36}$$

$$= \begin{cases} \frac{n^{\underline{m+1}}}{m+1}, & m \neq -1 \\[2ex] H_n, & m = -1 \end{cases} \tag{6.37}$$

H_n ist also das Analogon zum Logarithmus im stetigen Fall, denn für die (stetige) Funktion x^k gilt[27]

$$\int x^m dx = \begin{cases} \frac{x^{m+1}}{m+1}, & k \neq -1 \\[2ex] \log x, & m = -1 \end{cases}$$

Das wundert nicht so sehr, wenn man berücksichtigt, dass

$$0 < H_n - \log n < 1, \text{ für } n > 0$$

gezeigt werden kann, d.h. „diskret" betrachtet, sind beide Funktionen identisch.

Wir verwenden jetzt Gleichung (6.34) und Folgerung 6.7, um die Summe

$$S(k, 0, n) = \sum_{k=0}^{n} k$$

---

[27] Wobei wir die zum unbestimmten Integral gehörende Konstante vernachlässigen.

der ersten n natürlichen Zahlen zu berechnen:

$$\sum_{k=0}^{n} k = \sum_{k=0}^{n} k^{\underline{1}} \qquad\qquad \text{da } k^{\underline{1}} = k$$

$$= \sum_{0}^{n+1} x^{\underline{1}} \delta x \qquad\qquad \text{wegen Folgerung 6.7}$$

$$= \left. \frac{x^{\underline{2}}}{2} \right|_{0}^{n+1} \qquad\qquad \text{wegen (6.34)}$$

$$= \frac{(n+1)^{\underline{2}}}{2}$$

$$= \frac{(n+1)n}{2} = \binom{n+1}{2} = \frac{1}{2}n^2 + \frac{1}{2}n \qquad\qquad (6.38)$$

Wir erhalten also ein Ergebnis, was uns aus anderen Zusammenhängen längst bekannt ist.

Übungsaufgaben

6.12 (1) Bestimmen Sie einen geschlossenen Ausdruck für die Summe der ersten n Quadratzahlen:

$$S(k^2, 0, n) = \sum_{k=0}^{n} k^2$$

(2) Geben Sie einen geschlossenen Ausdruck für die Summe der ersten n Kubikzahlen, d.h. für

$$S(k^3, 0, n) = \sum_{k=0}^{n} k^3$$

an!

(3) Geben Sie einen geschlossenen Ausdruck für die Summe

$$S(k(k+1), 0, n) = \sum_{k=0}^{n} k(k+1)$$

an!

(4) Geben Sie einen geschlossenen Ausdruck für die Summe

$$S\left(\frac{1}{k(k+1)}, 1, n\right) = \sum_{k=1}^{n} \frac{1}{k(k+1)}$$

an!

(5) Geben Sie einen geschlossenen Ausdruck für die Summe

$$S\left(\frac{1}{k(k+2)}, 1, n\right) = \sum_{k=1}^{n} \frac{1}{k(k+2)}$$

an! $\square$

Mit (6.38) und den Übungen 6.12 (1) und (2) haben wir mit der Methode der Stammfunktionen die Summen $\sum_{k=0}^{n} k^m$ für $m = 1, 2, 3$ bestimmt. Wir bestimmen nun die Summe $\sum_{k=0}^{n} k^m$ allgemein für alle $m \in \mathbb{N}$, dabei verwenden wir Satz 2.6:

$$x^m = \sum_{k=0}^{m} S_{m,k} \cdot x^{\underline{k}}$$

Damit gilt

$$\sum_{k=0}^{n} k^m = \sum_{0}^{n+1} x^m\, \delta x$$

$$= \sum_{0}^{n+1}\left(\sum_{k=0}^{m} S_{m,k} \cdot x^{\underline{k}}\right) \delta x$$

$$= \sum_{k=0}^{m} S_{m,k} \sum_{0}^{n+1} x^{\underline{k}}\, \delta x$$

$$= \sum_{k=0}^{m} S_{m,k} \left.\frac{x^{\underline{k+1}}}{k+1}\right|_0^{n+1}$$

$$= \sum_{k=0}^{m} \frac{S_{m,k}}{k+1} (n+1)^{\underline{k+1}}$$

6.4.3 Berechnung von Summen durch partielle diskrete Integration

Aus der Produktregel (siehe Satz 6.1 c) folgt

$$f \cdot \Delta g = \Delta (f \cdot g) - \mathcal{E}g \cdot \Delta f$$

Diskrete Integration dieser Gleichung liefert die *partielle diskrete Integration*

Partielle diskrete Integration

$$\sum (f \cdot \Delta g) = f \cdot g - \sum (\mathcal{E}g \cdot \Delta f) \qquad (6.39)$$

als Analogon zur partiellen Integration in der Analysis

$$\int f \cdot g' = f \cdot g - \int g \cdot f'$$

Daraus ergibt sich die *partielle diskrete Summation*

Partielle diskrete Summation

$$\sum_{a}^{b} f(x) \cdot \Delta g(x)\, \delta x = f(x) \cdot g(x)|_{a}^{b} - \sum_{a}^{b} \mathcal{E}g(x) \cdot \Delta f(x)\, \delta x \qquad (6.40)$$

Partielle Summation kann hilfreich sein zur Berechnung von Summen $S(h(k), a, b)$, bei denen sich die Funktion h darstellen lässt als $h = f \cdot \Delta g$ für geeignete Funktionen f und g.

Beispiel 6.2 **a)** Als erstes Beispiel betrachten wir die Summe

$$S\left(k \cdot 2^k, 0, n\right) = \sum_{k=0}^{n} k 2^k$$

Wenn wir $f(x) = x$ und $g(x) = 2^x$ setzen, dann gilt $\Delta f(x) = 1$, $\Delta g(x) = 2^x$, $\mathcal{E}g(x) = 2^{x+1}$ sowie $\sum 2^x \delta x = 2^x$. Mit diesen Vorüberlegungen erhalten wir entsprechend eingesetzt in (6.39)

$$\sum_{k=0}^{n} k 2^k = \sum_{0}^{n+1} x 2^x\, \delta x$$

$$= x 2^x|_{0}^{n+1} - \sum_{0}^{n+1} 2^{x+1} \cdot 1\, \delta x$$

$$= x 2^x|_{0}^{n+1} - 2^{x+1}|_{0}^{n+1}$$

$$= (n+1) 2^{n+1} - 2^{n+2} + 2$$

$$= (n-1) 2^{n+1} + 2$$

b) Als weiteres Beispiel berechnen wir die Summe

$$S(H_k, 1, n) = \sum_{k=1}^{n} H_k$$

Dazu setzen wir $f(x) = H_x$ und $g(x) = x = x^{\underline{1}}$. Dann ist $\Delta f(x) = x^{\underline{-1}} = \frac{1}{x+1}$ (siehe (6.34) und (6.16)), $\Delta g(x) = 1 = x^{\underline{0}}$ und $\mathcal{E}g(x) = x + 1$. Partielle Summation liefert:

$$\sum_{k=1}^{n} H_k = \sum_{1}^{n+1} H_x \, \delta x = \sum_{1}^{n+1} H_x \cdot 1 \, \delta x = \sum_{1}^{n+1} H_x \cdot x^{\underline{0}} \, \delta x$$

$$= H_x \cdot x \Big|_1^{n+1} - \sum_{1}^{n+1} (x+1) \frac{1}{x+1} \, \delta x$$

$$= H_x \cdot x \Big|_1^{n+1} - \sum_{1}^{n+1} 1 \, \delta x$$

$$= H_x \cdot x \Big|_1^{n+1} - \sum_{1}^{n+1} x^{\underline{0}} \, \delta x$$

$$= H_x \cdot x \Big|_1^{n+1} - x \Big|_1^{n+1}$$

$$= (n+1)H_{n+1} - H_1 - ((n+1) - 1)$$

$$= (n+1)(H_{n+1} - 1)$$

womit wir einen geschlossenen Ausdruck für die Summe der ersten n Harmonischen Zahlen erhalten haben.   □

 ### Übungsaufgaben

6.13 (1) Bestimmen Sie für $c \neq 1$ die Summe $S(k \cdot c^k, 0, n) = \sum_{k=0}^{n} kc^k$![28]

(2) Bestimmen Sie die Summe $S(k \cdot H_k, 1, n) = \sum_{k=1}^{n} kH_k$!

(3) Bestimmen Sie die Summe $S\left(\binom{k}{m} \cdot H_k, 1, n\right) = \sum_{k=1}^{n} \binom{k}{m} H_k$ für $m \geq 0$!   □

28 Für $c = 1$ haben wir diese Summe bereits in (6.38) bestimmt.

6.5 Weitere Summationsmethoden

Nachdem wir im Kapitel 1.3 bereits mithilfe der Gleichung (1.27) und in den vorigen Abschnitten Summen mithilfe diskreter Integration berechnet haben, betrachten wir in diesem Abschnitt noch ein weitere Methoden zur Berechnung von Summen.

So gilt für die geometrische Reihe

$$S\left(x^k, 0, n\right) = \sum_{k=0}^{n} x^k$$

mit $x \neq 1$

$$S\left(x^k, 0, n\right) = \frac{x^{n+1} - 1}{x - 1}$$

Es gilt nun einerseits

$$S\left(\frac{d}{dx} x^k, 0, n\right) = \sum_{k=0}^{n} \frac{d}{dx} x^k = \sum_{k=0}^{n} k\, x^{k-1} = \frac{1}{x} \sum_{k=0}^{n} k\, x^k$$

und andererseits

$$S\left(\frac{d}{dx} x^k, 0, n\right) = \sum_{k=0}^{n} \frac{d}{dx} x^k = \frac{d}{dx} \sum_{k=0}^{n} x^k = \frac{d}{dx} \frac{x^{n+1} - 1}{x - 1}$$

und damit

$$S\left(k \cdot x^k, 0, n\right) = \sum_{k=0}^{n} k\, x^k$$

$$= x \cdot \frac{d}{dx} \frac{x^{n+1} - 1}{x - 1}$$

$$= x \cdot \frac{\left(x^{n+1} - 1\right)'\left(x - 1\right) - \left(x^{n+1} - 1\right)\left(x - 1\right)'}{\left(x - 1\right)^2}$$

$$= \frac{nx^{n+2} - (n + 1)x^{n+1} + x}{\left(x - 1\right)^2}$$

$$= \frac{(nx - n - 1)x^{n+1} + x}{\left(x - 1\right)^2}$$

was (natürlich) mit dem Ergebnis der Übung 6.13 (1) übereinstimmt.

Wir versuchen noch einen weiteren Ansatz zur Berechnung der Summe $S\left(k \cdot x^k, 0, n\right)$. Es gilt

$$S\left(k \cdot x^k, 0, n\right) + (n+1) \cdot x^{n+1} = \sum_{k=0}^{n+1} k\, x^k$$

$$= \sum_{k=1}^{n+1} k\, x^k$$

$$= \sum_{k=0}^{n} (k+1)\, x^{k+1}$$

$$= x \cdot \sum_{k=0}^{n} k\, x^k + x \cdot \sum_{k=0}^{n} x^k$$

$$= x \cdot S\left(k \cdot x^k, 0, n\right) + x \cdot \frac{x^{n+1} - 1}{x - 1}$$

woraus

$$S\left(k \cdot x^k, 0, n\right) = x \cdot \frac{x^{n+1} - 1}{(x-1)(1-x)} - \frac{(n+1)x^{n+1}}{1-x}$$

$$= \frac{x - x^{n+2}}{(x-1)^2} + \frac{(n+1)x^{n+1}}{x-1}$$

$$= \frac{(nx - n - 1)x^{n+1} + x}{\left(x - 1\right)^2}$$

folgt und damit das Ergenis zum wiederholten Mal bestätigt wird.

Beim obigen Beispiel haben wir die Rekursionsgleichung

$$S\left(k \cdot x^k, 0, n\right) = \frac{x}{1-x} \cdot \left[S\left(x^k, 0, n\right) - (n+1) \cdot x^n\right]$$

$$= \frac{x}{1-x} \cdot \left[S\left(x^k, 0, n-1\right) - n \cdot x^n\right]$$

(6.41)

erhalten. Wir wenden nun diesen Ansatz an, um eine rekursive Gleichung für die Berechnung der Summe

$$S\left(k^m, 0, n\right) = \sum_{k=0}^{n} k^m$$

zu erhalten. Wir verallgemeinern den obigen Ansatz und erhalten für $m = 0$ bekanntermaßen

$$S(1, 0, n) = \sum_{k=0}^{n} 1 = n + 1$$

und für $m = 1$ bekanntermaßen

$$S(k, 0, n) = \sum_{k=0}^{n} k = \frac{n \cdot (n + 1)}{2}$$

Für $m \geq 2$ leiten wir eine rekursive Beziehung her:

$$S(k^m, 0, n) + (n + 1)^m = \sum_{k=0}^{n+1} k^m$$

$$= 0^m + \sum_{k=1}^{n+1} k^m$$

$$= \sum_{k=0}^{n} (k + 1)^m$$

$$= \sum_{k=0}^{n} \sum_{j=0}^{m} \binom{m}{j} k^j$$

$$= \sum_{j=0}^{m} \binom{m}{j} \sum_{k=0}^{n} k^j$$

$$= \sum_{j=0}^{m} \binom{m}{j} S(k^j, 0, n)$$

$$= S(k^m, 0, n) + \sum_{j=0}^{m-1} \binom{m}{j} S(k^j, 0, n)$$

Hieraus folgt

$$(n+1)^m = \sum_{j=0}^{m-1} \binom{m}{j} S\left(k^j, 0, n\right)$$

$$= \binom{m}{m-1} \cdot S(k^{m-1}, 0, n) + \sum_{j=0}^{m-2} \binom{m}{j} S\left(k^j, 0, n\right)$$

und hieraus

$$S(k^{m-1}, 0, n) = \frac{1}{m} \left[(n+1)^m - \sum_{j=0}^{m-2} \binom{m}{j} S\left(k^j, 0, n\right) \right]$$

Wir erhalten also für die Berechnung der Summen

$$S\left(k^m, 0, n\right) = \sum_{k=0}^{n} k^m$$

die Rekursionsgleichung

$$S\left(k^m, 0, n\right) = \begin{cases} n+1, & m = 0 \\ \frac{1}{m+1} \left[(n+1)^{m+1} - \sum_{j=0}^{m-1} \binom{m+1}{j} S\left(k^j, 0, n\right) \right], & m \geq 1 \end{cases}$$

Für $m \geq 1$ können wir noch zusammenfassen:

$$S\left(k^m, 0, n\right) = \frac{1}{m+1} \left[\sum_{j=0}^{m+1} \binom{m+1}{j} n^j - \sum_{j=0}^{m-1} \binom{m+1}{j} S\left(k^j, 0, n\right) \right]$$

$$= \frac{1}{m+1} \left[\binom{m+1}{m+1} n^{m+1} + \binom{m+1}{m} n^m \right.$$

$$+ \left. \sum_{j=0}^{m-1} \binom{m+1}{j} \left(n^j - S\left(k^j, 0, n\right) \right) \right]$$

$$= \frac{1}{m+1} \left[n^m(n+m+1) + \sum_{j=0}^{m-1} \binom{m+1}{j} \left(n^j - S\left(k^j, 0, n\right) \right) \right]$$

Übungsaufgaben

6.14 Leiten Sie mit der oben vorgestellten Methode eine Rekursionsformel zur Berechnung der Summe

$$S\left(k^m \cdot x^k, 0, n\right) = \sum_{k=0}^{n} k^m\, x^k$$

für $x \neq 1$ her. □

6.6 Zusammenfassung

Konzepte und Methoden der Differentiation und Integration von Funktionen aus der Analysis können auf diskrete Funktionen übertragen werden. Dabei erhält man analoge Aussagen, wie z.B. Summen-, Produkt- und Quotientenregel sowie partielle Integration.

Der Potenzfunktion x^k in der Analysis entsprechen bei Ableitung und Integration die Faktoriellen $x^{\underline{k}}$ und $x^{\overline{k}}$, e^x entspricht 2^x und $\log x$ entspricht H_x.

Methoden der diskreten Integration können z.B. angewendet werden, um geschlossene Ausdrücke für Summen, wie z.B. $\sum_{k=0}^{n} k^m$, zu bestimmen. Es zeigt sich, dass dabei die Stirlingzahlen zweiter Art von Bedeutung sind.

Weitere Summationsmethoden ergeben sich durch Verwendung des (stetigen) Ableitungsoperators sowie mithilfe der Herleitung rekursiver Summationsformeln.

A   Anhang

In diesem Anhang werden einige grundlegende Begriffe aufgelistet, die im Buch verwendet werden, ohne sie dort explizit über Definitionen einzuführen.

A.1   Zahlenmengen

Folgende Bezeichnungen für Zahlenmengen werden verwendet:

$$\mathbb{N} = \{1, 2, 3, \ldots\} \qquad \text{natürliche Zahlen}$$

$$\mathbb{N}_0 = \{0, 1, 2, 3, \ldots\} \qquad \text{natürliche Zahlen einschließlich 0}$$

$$\mathbb{Z} = \{\ldots, -2, -1, 0, 1, 2, \ldots\} \qquad \text{ganze Zahlen}$$

$$\mathbb{G} = \{\ldots -4, -2, 0, 2, 4, \ldots\} \qquad \text{gerade Zahlen}$$

$$\mathbb{G}_+ = \{0, 2, 4, \ldots\} \qquad \text{positive gerade Zahlen}$$

$$\mathbb{G}_- = \{-2, -4, -6, \ldots\} \qquad \text{negative gerade Zahlen}$$

$$\mathbb{U} = \{\ldots -3, -1, 1, 3, \ldots\} \qquad \text{ungerade Zahlen}$$

$$\mathbb{U}_+ = \{1, 3, 5, \ldots\} \qquad \text{positive ungerade Zahlen}$$

$$\mathbb{U}_- = \{-1, -3, -5, \ldots\} \qquad \text{negative ungerade Zahlen}$$

$$\mathbb{Q} = \left\{ \frac{p}{q} \mid p \in \mathbb{Z}, q \in \mathbb{N} \right\} \qquad \text{rationale Zahlen}$$

$$\mathbb{R} = \text{Menge der reellen Zahlen}$$

$$\mathbb{R}^+ = \{x \in \mathbb{R} \mid x > 0\} \qquad \text{reelle Zahlen gößer 0}$$

$$\mathbb{C} = \{a + bi \mid a, b \in \mathbb{R}, i^2 = -1\} \qquad \text{komplexe Zahlen}$$

A.2   Relationen und Funktionen

Sind A und B Mengen, dann heißt $R \subseteq A \times B = \{(a, b) \mid a \in A, b \in B\}$ eine *Relation* zwischen A und B; ist $A = B$, dann heißt R *homogen* und A *Grundmenge* von R. Anstelle von $(a, b) \in R$ schreibt man auch aRb. Gilt für eine homogene Relation $R \subseteq A \times A$, dass aRa gilt für alle $a \in A$, dann heißt R *reflexiv*. Folgt aus aRb, dass dann auch bRa gilt, dann heißt R *symmetrisch*. Folgt aus aRb und bRc, dass dann auch aRc gilt, dann heißt R *transitiv*. Eine reflexive, symmetrische und transitive Relation heißt *Äquiva-*

lenzrelation. Für eine Äquivalenzrelation R über der Grundmenge A heißt $[a]_R = \{b \in A \mid aRb\}$ *Äquivalenzklasse* von R mit dem *Repräsentanten a*.

Eine Äquivalenzklasse ist niemals leer, denn wegen der Reflexivität gilt $a \in [a]_R$ für alle $a \in A$, und eine Äquivalenzklasse ist unabhängig von ihrem Repräsentanten, denn für jedes $b \in [a]_R$ gilt $[a]_R = [b]_R$. Des Weiteren gilt für $a, b \in A$ entweder $[a]_R = [b]_R$ oder $[a]_R \cap [b]_R = \emptyset$; Äquivalenzklassen mit verschiedenen Repräsentanten sind also entweder gleich oder disjunkt. Die Vereinigung aller Äquivalenzklassen ergibt die Grundmenge: $\bigcup_{a \in A} [a]_R = A$. Eine Äquivalenzrelation *partitioniert* also die Grundmenge vollständig in nicht leere, disjunkte Teilmengen, den Äquivalenzklassen. Umgekehrt legt jede vollständige *Partition* einer Menge A in nichtleere, disjunkte Teilmengen eine Äquivalenrelation über der Grundmenge A fest.

Eine Relation $R \subseteq A \times B$ heißt *rechtseindeutig* genau dann, wenn aus aRb und aRc folgt, dass $b = c$ ist. Rechtseindeutige Relationen heißen *Funktionen* oder *Abbildungen*. Funktionen werden im Allgemeinen mit f bezeichnet, und anstelle von $f \subseteq A \times B$ schreibt man $f : A \to B$ und anstelle von xfy schreibt man $f(x) = y$. x heißt *Argument* von f, y heißt *Wert* oder *Bild* von x unter f. Gibt es zu einem $x \in A$ kein $y \in B$ mit $f(x) = y$, dann ist f für das Argument x nicht definiert, was auch mit $f(x) = \bot$ notiert wird.

A heißt *Ausgangsmenge* und B *Zielmenge* von f. Die Menge $Def(f) = \{x \in A \mid$ es existiert ein $y \in B$ mit $f(x) = y\}$ heißt *Definitionsbereich* von f, und $W(f) = \{y \in B \mid$ es existiert ein $x \in A$ mit $f(x) = y\}$ heißt *Wertebereich* von f. Für $C \subseteq A$ heißt $f(C) = \{f(x) \mid x \in C\}$ *Bildmenge* von C unter f, und für $D \subseteq B$ heißt $f^{-1}(D) = \{x \in A \mid f(x) \in D\}$ *Urbildmenge* von D unter f. Die Menge $graph(f) = \{(x, y) \in A \times B \mid f(x) = y\} = Def(f) \times W(f)$ heißt *Graph* von f.

Sei $f : A \to B$ eine Funktion: Ist für alle $x, y \in A$ mit $x \neq y$ auch $f(x) \neq y$, dann heißt f *injektiv* oder auch *linkseindeutig*. Gilt $Def(f) = A$, dann heißt f *total*, gilt $W(f) = B$, dann heißt f *surjektiv*. Ist eine Funktion total, injektiv und surjektiv, dann heißt sie *bijektiv* oder auch *eineindeutig*.

Zwei Mengen A und B heißen *gleichmächtig* genau dann, wenn eine bijektive Funktion $f : A \to B$ existiert; man schreibt dann $|A| = |B|$. Hat eine Menge A endlich viele Elemente, dann schreibt man $|A| < \infty$, hat sie n Elemente, so schreibt man $|A| = n$, hat sie unendlich viele Elemente, so schreibt man $|A| = \infty$.

Die Menge $\mathcal{P}(A) = \{M \mid M \subseteq A\}$ aller Teilmengen von A heißt *Potenzmenge* von A. Eine andere Schreibweise für $\mathcal{P}(A)$ ist 2^A. Mit B^A bezeichnet man die Menge aller totalen Funktionen von A nach B. Die Begründung für diese Notationen werden im Abschnitt 2.2.2 erläutert.

A.3   Spezielle Funktionen, Summen und Produkte

Die Funktion $|\cdot| : \mathbb{R} \to \mathbb{R}$ definiert durch

$$|x| = \begin{cases} x, & x \geq 0 \\ -x, & x < 0 \end{cases}$$

heißt *Absolutbetrag* von x. Es gilt z.B. $|3| = |-3| = 3$.

Die Funktion $\lceil \cdot \rceil : \mathbb{R} \to \mathbb{R}$ definiert durch

$$\lceil x \rceil = min\,\{y \in \mathbb{Z} \mid x \leq y\}$$

heißt *obere Gaussklammer*, die Funktion $\lfloor \cdot \rfloor : \mathbb{R} \to \mathbb{R}$ definiert durch

$$\lfloor x \rfloor = max\,\{y \in \mathbb{Z} \mid y \leq x\}$$

heißt *untere Gaussklammer*. Es gilt z.B. $\lceil 2.3 \rceil = 3$, $\lceil -2.3 \rceil = -2$, $\lfloor 3.7 \rfloor = 3$ und $\lfloor -3.7 \rfloor = -4$.

Für $b \in \mathbb{R}^+$ mit $b \neq 1$ heißt die Funktion $\log_b : \mathbb{R}^+ \to \mathbb{R}$ definiert durch

$$\log_b x = y \text{ genau dann, wenn } x = b^y$$

Logarithmus von x zur Basis b. Der Logarithmus zur Basis $e = 2.718\ldots = \lim_{n \to \infty} \left(1 + \frac{1}{n}\right)$ (e ist die Euler-Zahl) heißt *natürlicher Logarithmus*, dieser wir mit „ln" notiert. Der Logarithmus zur Basis 10 heißt *Zehnerlogarithmus* und wird mit „log" notiert, der Logarithmus zur Basis 2 heißt *Zweier-* oder auch *Duallogarithmus*, dieser wird mit „lg" notiert. Logarithmen zu zwei verschiedenen Basen b und b' unterscheiden sich durch die Konstante $\log_{b'} b$:

$$\log_{b'} a = \log_{b'} b \cdot \log_b a$$

Für $\log_b$ gelten die Rechenregeln (abgesehen von Konstanten):

$$\log_b(x \cdot y) = \log_b x + \log_b y$$

$$\log_b(x^n) = n \cdot \log_b x$$

$$\log_b\left(\frac{x}{y}\right) = \log_b x - \log_b y$$

$$\frac{\mathrm{d}}{\mathrm{d}x} \log_b x = \frac{1}{x}$$

$$\int \frac{1}{x}\,\mathrm{d}x = \log_b x$$

Es folgt

$$\log_b\left(\frac{1}{1-x}\right) = \log_b 1 - \log_b(1-x) = 0 - \log_b(1-x) = -\log_b(1-x)$$

und damit

$$\frac{\mathrm{d}}{\mathrm{d}x}\left(-\log_b(1-x)\right) = \frac{1}{1-x}$$

Zur kompakten Beschreibung von Summen und Produkten benutzen wir die Symbole $\sum$ und $\prod$: Für reelle (komplexe) Zahlen a_i und $m, n \in \mathbb{Z}$ mit $m \leq n$ gilt

$$\sum_{k=m}^{n} a_k = a_m + a_{m+1} + a_{m+2} + \ldots + a_n$$

$$\sum_{k=m}^{\infty} a_k = \sum_{k \geq m} a_k = a_m + a_{m+1} + a_{m+2} + \ldots$$

$$\prod_{k=m}^{n} a_k = a_m \cdot a_{m+1} \cdot a_{m+2} \cdot \ldots \cdot a_n$$

$$\prod_{k=m}^{\infty} a_k = \prod_{i \geq m} a_k = a_m \cdot a_{m+1} \cdot a_{m+2} \cdot \ldots$$

Die endlichen Summen (analog Produkte) können auch rückwärts berechnet werden:

$$\sum_{k=m}^{n} a_k = \sum_{k=0}^{n-m} a_{n-k}$$

Beim Rechnen mit solchen Summen und Produkten sind oft so genannte *Indexverschiebungen* hilfreich: Sei $i \in \mathbb{N}_0$, dann gilt für Summen (analog für Produkte):

$$\sum_{k=m}^{n} a_k = \sum_{k=m+i}^{n+i} a_{k-i} = \sum_{k=m-i}^{n-i} a_{k+i}$$

$$\sum_{k \geq m} a_k = \sum_{k \geq m+i} a_{k-i} = \sum_{k \geq m-i} a_{k+i}$$

Speziell für $i = m$ gilt

$$\sum_{k=m}^{n} a_k = \sum_{k=0}^{n-m} a_{k+m}$$

$$\sum_{k\geq m} a_k = \sum_{k\geq 0} a_{k+m}$$

Sei $\mathbb{K} \in \{\mathbb{Q}, \mathbb{R}, \mathbb{C}\}$. Für $n \in \mathbb{N}_0$ und $a_i \in \mathbb{K}$, $0 \leq i \leq n$, mit $a_n \neq 0$ heißt

$$p(x) = \sum_{k=0}^{n} a_k x^i = a_0 + a_1 x + a_2 x^2 + \ldots + a_{n-1} x^{n-1} + a_n x^n$$

ein *Polynom vom Grad n* über $\mathbb{K}$. Mit $\mathbb{K}[x]^{(n)}$ bezeichnen wir die Menge aller Polynome vom Grad n über $\mathbb{K}$.

$b \in \mathbb{K}$ heißt *Nullstelle* von $p(x)$ genau dann, wenn $p(b) = 0$ ist. Es gilt, dass $b \in \mathbb{K}$ genau dann eine Nullstelle von $p(x)$ ist, wenn $p(x)$ durch $x - b$ teilbar ist, d.h. wenn ein Polynom $q(x) \in \mathbb{K}[x]^{(n-1)}$ existiert mit $p(x) = (x - b) \cdot q(x)$.

Ein Polynom

$$P(x) = \sum_{n\geq 0} p_n x^n$$

heißt *(formale) Potenzreihe*. Im Buch spielt die Potenzreihe mit $p_n = 1$ für alle $n \in \mathbb{N}_0$ eine wesentliche Rolle. Wir betrachten zunächst das Polynom

$$P(x) = \sum_{k=0}^{n} x^k$$

Für dieses gilt

$$x \cdot P(x) = x \cdot \sum_{k=0}^{n} x^k = \sum_{k=0}^{n} x^{k+1} = \sum_{k=1}^{n+1} x^k = \sum_{k=0}^{n} x^k - x^0 + x^{n+1}$$

$$= P(x) - (1 - x^{n+1})$$

woraus

$$P(x) = \frac{1 - x^{n+1}}{1 - x}$$

folgt. Für diese Darstellung müssen wir $x = 1$ ausschließen.[29]

---

[29] Für $x = 1$ können wir $P(x)$ gesondert berechnen: $P(1) = \sum_{k=0}^{n} 1^k = \sum_{k=0}^{n} 1 = n + 1$.

Wenn wir $P(x)$ auf den Bereich $|x| < 1$ einschränken, erhalten wir für die zugehörige Potenzreihe

$$P(x) = \sum_{n \geq 0} x^n = \lim_{n \to \infty} \left(\sum_{k=0}^{n} x^k \right) = \lim_{n \to \infty} \left(\frac{1 - x^{n+1}}{1 - x} \right) = \frac{1}{1 - x}$$

denn für $|x| < 1$ ist $\lim_{n \to \infty} x^n = 0$.

Für $n \in \mathbb{N}$ heißt das Produkt der ersten n Zahlen

$$1 \cdot 2 \cdot \ldots \cdot (n - 1) \cdot n = \prod_{k=1}^{n} k$$

Fakultät von n. Diese Funktion wird kurz mit $n!$ notiert. Es ist sinnvoll, $0! = 1$ zu setzen. Damit erhält man folgende rekursive Definition der Fakultätsfunktion:

$$n! = \begin{cases} 1, & n = 0 \\ (n - 1)! \cdot n, & n \geq 1 \end{cases}$$

Lösungen zu den Aufgaben

Aufgabe 1.1

Jede Bijektion $\pi : \{1, \ldots, n\} \rightarrow \{1, \ldots, n\}$ ordnet einer Zahl i eineindeutig die Zahl $\pi(i)$ zu, d.h. π ordnet der Folge $\langle 1, \ldots, n \rangle$ eineindeutig die Folge $\langle \pi(1), \ldots, \pi(n) \rangle$ zu, d.h. π realisiert genau eine Permutation ohne Wiederholung. Davon gibt es $P(n, n) = n!$ viele Möglichkeiten. Also gibt es $n!$ bijektive Abbildungen einer Menge von n Elementen auf sich selbst.

Aufgabe 1.2

π enthält noch den Zyklus $\left(4 \quad 6 \quad 7\right)$ der Länge 3, den Zyklus $\left(9 \quad 10\right)$ der Länge 2 sowie den Fixpunkt $\left(3\right)$ als Zyklus der Länge 1.

Aufgabe 1.3

Da es nur eine Permutation mit n Zyklen gibt, nämlich die Identität $\pi(i) = i$, $1 \leq i \leq n$, bei der jedes Element ein Fixpunkt ist, gilt $s_{n,n} = 1$.

Betrachten wir nun $s_{n,1}$: Für $n = 1$ gilt $s_{1,1} = 1$. Für $n > 1$ ergeben sich alle n-Permutationen mit 1 Zyklel, indem wir das Element n zu allen $n - 1$-Permutationen mit 1 Zyklel hinzufügen. Da bei den Zyklen die Reihenfolge wichtig ist, gibt es für jede der $n - 1$-Permutationen $n - 1$ Möglichkeiten, das Element n hinzuzufügen. Es ergeben sich also insgesamt $(n - 1) \cdot s_{n-1,1}$ n-Permutationen mit 1 Zyklel. Es folgt, dass für $n \geq 1$ gilt: $s_{n,1} = (n - 1)!$ Wir wenden das geschilderte Verfahren für $n = 1, 2, 3, 4$ an und erhalten für

- $n = 1$ den Zyklus $\left(1\right)$

- $n = 2$ den Zyklus $\left(1 \quad 2\right)$

- $n = 3$ die Zyklel $\left(1 \quad 2 \quad 3\right)$ und $\left(1 \quad 3 \quad 2\right)$

- $n = 4$ die Zyklel $\left(1 \quad 2 \quad 3 \quad 4\right)$, $\left(1 \quad 2 \quad 4 \quad 3\right)$, $\left(1 \quad 4 \quad 2 \quad 3\right)$ und $\left(1 \quad 3 \quad 2 \quad 4\right)$, $\left(1 \quad 3 \quad 4 \quad 2\right)$, $\left(1 \quad 4 \quad 3 \quad 2\right)$

Aufgabe 1.5

(1) Es gilt mit Formel (1.10):

$$s_{5,4} = s_{4,3} + 4 \cdot s_{4,4} = 6 + 4 \cdot 1 = 10$$

Die Permutationen der ersten Klasse bekommen wir, indem wir zu allen sechs 4-Permutationen mit 3 Zyklen aus Beispiel 1.4 den einelementigen Zyklus $\left(5\right)$ hinzufügen:

$$\left(1\right)\left(2 \quad 3\right)\left(4\right)\left(5\right) \quad \left(1 \quad 2\right)\left(3\right)\left(4\right)\left(5\right) \quad \left(1 \quad 3\right)\left(2\right)\left(4\right)\left(5\right)$$
$$\left(1 \quad 4\right)\left(2\right)\left(3\right)\left(5\right) \quad \left(1\right)\left(2 \quad 4\right)\left(3\right)\left(5\right) \quad \left(1\right)\left(2\right)\left(3 \quad 4\right)\left(5\right)$$

Die vier Permutationen der zweiten Klasse erhalten wir, indem wir zu den 4 Zyklen der 4-Permutation jeweils die 5 hinzufügen:

$$\begin{pmatrix} 1 & 5 \end{pmatrix}\begin{pmatrix} 2 \end{pmatrix}\begin{pmatrix} 3 \end{pmatrix}\begin{pmatrix} 4 \end{pmatrix} \qquad \begin{pmatrix} 1 \end{pmatrix}\begin{pmatrix} 2 & 5 \end{pmatrix}\begin{pmatrix} 3 \end{pmatrix}\begin{pmatrix} 4 \end{pmatrix}$$

$$\begin{pmatrix} 1 \end{pmatrix}\begin{pmatrix} 2 \end{pmatrix}\begin{pmatrix} 3 & 5 \end{pmatrix}\begin{pmatrix} 4 \end{pmatrix} \qquad \begin{pmatrix} 1 \end{pmatrix}\begin{pmatrix} 2 \end{pmatrix}\begin{pmatrix} 3 \end{pmatrix}\begin{pmatrix} 4 & 5 \end{pmatrix}$$

(2) Wir zeigen die Behauptung durch vollständige Induktion. Für $n = 1$ gilt $s_{1,0} = 0$ sowie $\frac{1 \cdot (1-1)}{2} = 0$, womit der Induktionsanfang gezeigt ist. Im Induktionsschritt gilt

$$s_{n+1,n} = s_{n,n-1} + n \cdot s_{n,n} = \frac{n(n-1)}{2} + n \cdot 1 = \frac{(n+1)n}{2}$$

womit insgesamt die Behauptung bewiesen ist.

Die Gültigkeit der Behauptung können wir auch kombinatorisch überlegen. Wenn wir aus n Elementen $a_1, \ldots, a_n$ $n - 1$ Zykel bilden müssen, geht das so, dass wir jedes Element mit jedem anderen einmal zusammen in einen Zyklus stecken müssen, die restlichen Zykel sind dann jeweils einelementig. a_1 kann mit den anderen Elementen jeweils einen solchen zweielementigen Zyklus bilden. Es gibt $n - 1$ Permutationen dieser Art. a_2, welches schon mit a_1 in einem Zyklus war (bei zweielementigen Zykeln ist die Reihenfolge der beiden Elemente irrelevant), kann noch mit den Elementen $a_3, \ldots, a_n$ einen zweielementigen Zyklus bilden, es gibt $n - 2$ Permutationen dieser Art. Im Allgemeinen wird das Element a_i jeweils mit den Elementen $a_{i+1}, \ldots, a_n$ zu einem zweielementigen Zyklus vereinigt, es gibt $n - i$ Permutationen dieser Art. Insgesamt gibt es dann also

$$\sum_{i=1}^{n}(n-i) = \sum_{i=0}^{n-1} i = \frac{n(n-1)}{2}$$

n-Permutationen mit $n - 1$ Zykeln.

(3) Wir zeigen die Behauptung durch vollständige Induktion. Für $n = 1$ gilt $s_{1,1} = 1$ sowie $(1 - 1)! = 0! = 1$, womit der Induktionsanfang gezeigt ist. Im Induktionsschritt gilt

$$s_{n+1,1} = s_{n,0} + n \cdot s_{n,1} = 0 + n \cdot (n-1)! = n!$$

womit insgesamt die Behauptung bewiesen ist.

Auch diese Behauptung kann kombinatorisch hergeleitet werden: Wir bekommen alle n-Permutationen mit einem Zyklus (der jeweils alle Elemente $1, \ldots, n$ beinhalten muss), wenn wir in den Zykeln die 1 fest als erstes Element aufführen und dann dahinter jeweils eine Permutation der restlichen $n - 1$ Elemente $2, \ldots, n$ schreiben – davon gibt es genau $(n - 1)!$ viele.

(4) Wir zeigen die Behauptung durch vollständige Induktion. Für $n = 0$ gilt $0! = 1$ und $\sum_{k=0}^{0} s_{0,k} = s_{0,0} = 1$ womit der Induktionsanfang gezeigt ist. Im

Induktionsschritt gilt

$$\sum_{k=0}^{n+1} s_{n+1,k} = \sum_{k=0}^{n+1} (s_{n,k-1} + n \cdot s_{n,k}) \quad \text{(wegen (1.10))}$$

$$= \sum_{k=0}^{n+1} s_{n,k-1} + n \cdot \sum_{k=0}^{n+1} s_{n,k}$$

$$= \sum_{k=0}^{n} s_{n,k} + s_{n,-1} + n \cdot \sum_{k=0}^{n} s_{n,k} + n \cdot s_{n,n+1}$$

$$= \sum_{k=0}^{n} s_{n,k} + n \cdot \sum_{k=0}^{n} s_{n,k} \quad \text{(da } s_{n,k} = 0 \text{ für } k < 0 \text{ bzw. für } k > n)$$

$$= n! + n \cdot n! \quad \text{(mit Induktionsannahme)}$$

$$= n!(1 + n)$$

$$= (n + 1)!$$

womit insgesamt die Behauptung bewiesen ist.

Auch diese Behauptung kann kombinatorisch hergeleitet werden: Die Anzahl $P(n, n) = n!$ aller n-Permutationen ist offensichtlich gleich der Summe der Anzahl aller Permutationen mit keinem Zykel, mit einem Zykel, mit zwei Zykeln, ..., mit n-Zykeln.

Aufgabe 1.6

Es gibt zwei Typen von 5-Permutationen mit 3 Zyklen: $1^2 2^0 3^1 4^0 5^0$ und $1^1 2^2 3^0 4^0 5^0$. Damit ergibt sich

$$s_{5,3} = \frac{5!}{2! \cdot 1! \cdot 1^2 \cdot 3^1} + \frac{5!}{1! \cdot 2! \cdot 1^1 \cdot 2^2} = 35$$

Aufgabe 1.7

(1) Es handelt sich um eine geordnete Auswahl der Größe 32 aus einer Menge mit 32 Elementen ohne Zurücklegen, d.h. es liegt eine 32-Permutation über einer 32-elementigen Menge vor. Damit gilt: $P(32, 32) = 32!$

(2) Bei den Buchstaben handelt es sich um eine geordnete Auswahl der Größe 2 aus einer Menge mit 26 Elementen ohne Zurücklegen. Die Anzahl der Möglichkeiten ist $P(26, 2) = 26 \cdot 25$.

Bei den Ziffern handelt es sich um eine geordnete Auswahl der Größe 4 aus einer Menge mit 10 Elementen mit Zurücklegen. Die Anzahl der Möglichkeiten ist $P^*(10, 4) = 10^4$.

Die Anzahl der verschiedenen Passwörter ist somit: $650 \cdot 10^4 = 6\,500\,000$.

Aufgabe 1.8

a) Es gibt $P(4, 3) = 4^{\underline{3}} = 24$ 3-Permutationen von vier Elementen. Wenn wir die Permutationen mit denselben Elementen zu Klassen zusammenfassen und diese jeweils durch die entsprechende Repräsentanten-Menge darstellen, erhalten wir:

$$\{\,1, 2, 3\,\} = \{\,\langle\,1, 2, 3\,\rangle, \langle\,1, 3, 2\,\rangle, \langle\,2, 1, 3\,\rangle, \langle\,2, 3, 1\,\rangle, \langle\,3, 1, 2\,\rangle, \langle\,3, 2, 1\,\rangle\,\}$$
$$\{\,1, 2, 4\,\} = \{\,\langle\,1, 2, 4\,\rangle, \langle\,1, 4, 2\,\rangle, \langle\,2, 1, 4\,\rangle, \langle\,2, 4, 1\,\rangle, \langle\,4, 1, 2\,\rangle, \langle\,4, 2, 1\,\rangle\,\}$$
$$\{\,1, 3, 4\,\} = \{\,\langle\,1, 3, 4\,\rangle, \langle\,1, 4, 3\,\rangle, \langle\,3, 1, 4\,\rangle, \langle\,3, 4, 1\,\rangle, \langle\,4, 1, 3\,\rangle, \langle\,4, 3, 1\,\rangle\,\}$$
$$\{\,2, 3, 4\,\} = \{\,\langle\,2, 3, 4\,\rangle, \langle\,3, 2, 4\,\rangle, \langle\,3, 2, 4\,\rangle, \langle\,3, 4, 2\,\rangle, \langle\,4, 2, 3\,\rangle, \langle\,4, 3, 2\,\rangle\,\}$$

Jede Klasse enthält alle 3-Permutationen ihrer dreielementigen Repräsentantenmenge, also $P(3, 3) = 6$ viele. Die Anzahl der Klassen ist gerade die gesuchte Anzahl $K(4, 3)$ der $(4, 3)$-Kombinationen. Da es sich um eine Partition, d.h. eine disjunkte, vollständige Überdeckung der Menge aller $(4, 3)$-Permutationen handelt, gilt $P(4, 3) = K(4, 3) \cdot P(3, 3)$, woraus $K(4, 3) = 4$ folgt.

b) Wir überlegen:

(1) $M = \{\,1, \ldots, n\,\}$

(2) $p_k(M) = \langle\,x_1, \ldots, x_k\,\rangle$, $x_i \in M$, $1 \le i \le k$, sei eine k-Permutation über M

(3) $P_k(M)$ sei die Menge aller k-Permutationen über M. Wir wissen

$$|P_k(M)| = P(n, k) = n^{\underline{k}} = \frac{n!}{(n-k)!}$$

(4) $E\left(\langle\,x_1, \ldots, x_k\,\rangle\right) = \{\,x_1, \ldots, x_k\,\}$ sei die Menge der Elemente der Permutation $\langle\,x_1, \ldots, x_k\,\rangle$.

(5) Sei $\pi : \{\,x_1, \ldots, x_k\,\} \to \{\,x_1, \ldots, x_k\,\}$ eine Bijektion, also eine Permutation. Dann gilt

$$E\left(\langle\,x_1, \ldots, x_k\,\rangle\right) = E\left(\langle\,\pi(x_1), \ldots, \pi(x_k)\,\rangle\right)$$

(6) Die Relation $\sim_k \subseteq P_k(M) \times P_k(M)$ sei definiert durch $p_k(M) \sim_k p_k'(M)$ genau dann, wenn $E(p_k(M)) = E(p_k'(M))$. Zwei k-Permutationen über M stehen also in der Relation $\sim_k$ genau dann, wenn sie dieselben Elemente enthalten. Offensichtlich ist $\sim_k$ eine Äquivalenzrelation über $P_k(M)$.

(7) Aus (5) folgt, dass alle Permutationen π von $\{x_1, \dots, x_k\}$ genau eine Äquivalenzklasse von $\sim_k$ festlegen. Aus den Folgerungen 1.1 und 1.2 wissen wir, dass es $P(k, k) = k!$ viele k-Permutationen von k Elementen gibt, d.h. jede Äquivalenzklasse von $\sim_k$ enthält genau $P(k, k)$ Elemente.

(8) Wenn wir die Äquivalenzklasse, zu der die Permutation $p_k(M)$ gehört, durch $E(p_k(M))$ repräsentieren, dann entspricht jeder k-elementigen Teilmenge von M, d.h. jeder k-Kombination über M, genau eine Äquivalenzklasse. Es gibt also $K(n, k)$ viele Äquivalenzklassen.

(9) Da die Äquivalenzrelation $\sim_k$ ihre Grundmenge $P_k(M)$, die Menge aller k-Permutationen über M, partitioniert, d.h. ihre Äquivalenzklassen überdecken $P_k(M)$ vollständig und disjunkt, folgt aus (3), (7) und (8)

$$P(n, k) = K(n, k) \cdot P(k, k)$$

und hieraus die Behauptung des Satzes

$$K(n, k) = \frac{P(n, k)}{P(k, k)} = \frac{n!}{k!(n-k)!} = \binom{n}{k}$$

Aufgabe 1.9

(1) Es handelt sich um eine ungeordnete Auswahl der Größe $4 \cdot 5 + 1 = 21$ aus einer Menge mit 32 Elementen ohne Zurücklegen, d.h. es liegt eine 21-Permutation über einer 32-elementigen Menge vor. Damit ist

$$K(32, 21) = \binom{32}{21} = \frac{32!}{(32-21)! \cdot 21!} = 129\,024\,480$$

(2) Bei fünf Mitgliedern gibt es eine Mehrheit, wenn drei, vier oder alle fünf zustimmen. In jedem Fall handelt es sich um eine ungeordnete Auswahl (die Reihenfolge der Stimmabgbe spielt keine Rolle) von Elementen aus einer Menge mit fünf Elementen ohne Zurücklegen (jedes Mitglied hat nur eine Stimme), also um eine Kombination ohne Wiederholung. Die Anzahl der möglichen Mehrheitsbildungen ergibt sich somit zu:

$$\binom{5}{3} + \binom{5}{4} + \binom{5}{5} = \frac{5!}{3! \cdot 2!} + \frac{5!}{4! \cdot 1!} + \frac{5!}{5! \cdot 0!} = 10 + 5 + 1 = 16$$

Aufgabe 1.10

(1.17) folgt unmittelbar aus (1.15).
Es gilt

$$\binom{n}{k} = \frac{n!}{k!(n-k)!} = \frac{n(n-1)!}{k(k-1)!(n-k)!}$$

$$= \frac{n}{k} \cdot \frac{(n-1)!}{(k-1)!(n-1-(k-1))!} = \frac{n}{k}\binom{n-1}{k-1}$$

womit (1.19) gezeigt ist.

(1.20) folgt unmittelbar aus (1.19).

Es gilt

$$(n-k)\binom{n}{k} = (n-k)\binom{n}{n-k} \qquad\qquad \text{wegen (1.16)}$$

$$= n\binom{n-1}{n-k-1} \qquad\qquad \text{wegen (1.20)}$$

$$= n\binom{n-1}{k} \qquad\qquad \text{wegen (1.16)}$$

womit (1.21) gezeigt ist.

Es gilt

$$n\binom{n}{k} = (n-k)\binom{n}{k} + k\binom{n}{k}$$

$$= n\binom{n-1}{k} + n\binom{n-1}{k-1} \qquad \text{wegen (1.21) bzw. (1.20)}$$

Wenn wir nun die Gleichung auf beiden Seiten durch n dividieren ($n \geq k \geq 1$ ist vorausgesetzt), erhalten wir die Behauptung (1.18).

Aufgabe 1.11

(2) Induktionsanfang mit $n = 0$: Bei $n = 0$ ist auch $k = 0$. Einerseits ist $\sum_{i=k}^{n}\binom{i}{k} = \sum_{i=0}^{0}\binom{i}{0} = \binom{0}{0} = 1$, und andererseits ist $\binom{n+1}{k+1} = \binom{1}{1} = 1$, womit der Induktionsanfang gezeigt ist.

Induktionsschritt: Wir nehmen an, dass die Behauptung für $n \geq k \geq 0$ gilt, und zeigen damit und mit (1.18), dass dann die Behauptung auch für $n+1$ gilt:

$$\sum_{i=k}^{n+1}\binom{i}{k} = \sum_{i=k}^{n}\binom{i}{k} + \binom{n+1}{k} = \binom{n+1}{k+1} + \binom{n+1}{k} = \binom{n+2}{k+1}$$

Aufgabe 1.13

(1) Die Fragestellung entspricht der Frage, wie viele Paare, d.h. wie viele zweielementige Teilmengen, aus einer Menge von n Personen gebildet werden können. Gemäß Satz 1.6 ergibt sich, dass es

$$K(n,2) = \binom{n}{2} = \frac{(n-1)n}{2}$$

Paare gibt.

Wir können diese Anzahl auch noch auf andere Weise feststellen: Jede Person gibt $n-1$ Personen die Hand, wobei jedes Handgeben doppelt gezählt wird. Somit ergibt sich die Gesamtanzahl durch

$$\frac{(n-1)n}{2}$$

Weitere Überlegung: Die erste Person gibt $n-1$ Personen die Hand, die 2. Person muss dann noch $n-2$ Personen die Hand geben usw. Die $n-1$-te, d.h. die vorletzte, Person muss noch $n-(n-1)=1$ Person die Hand geben, und die letzte, d.h. die n-te Person, braucht dann $n-n=0$ Personen, d.h. niemandem mehr, die Hand zu geben. Insgesamt ergeben sich

$$(n-1)+(n-2)+\ldots+1+0 = \sum_{i=0}^{n-1} i = \frac{(n-1)n}{2}$$

Handschläge.

Anhand der obigen Überlegungen wird an dem Bespiel des Handgebens der bereits in Gleichung (1.28) festgestellte Zusammenhang zwischen der Summe der ersten n Zahlen und dem Binomialkoeffizienten $\binom{n}{2}$ klar.

(2) Wir führen den Beweis mit vollständiger Induktion über m:

Induktionsanfang:

$$\sum_{k=0}^{0} \binom{n+k}{k} = \binom{n}{0} = 1 = \binom{n+1}{0}$$

Induktionsschritt:

$$\sum_{k=0}^{m+1} \binom{n+k}{k} = \sum_{k=0}^{m} \binom{n+k}{k} + \binom{n+m+1}{m+1}$$

$$= \binom{n+m+1}{m} + \binom{n+m+1}{m+1} \quad \text{mit Induktionsannahme}$$

$$= \binom{n+m+2}{m+1} \quad \text{mit (1.18)}$$

Die Interpretation ist wie folgt: Man betrachtet die Elemente, die beim Element in der Diagonalen, die in der n-ten Zeile und 0-ten Spalte beginnt und beim Element in der $m+n$-ten Zeile und m-ten Spalte aufhört. Die Summe dieser Elemente ergibt das Element in der $m+n+1$-ten Zeile und m-ten Spalte.

Aufgabe 1.14

Für die Komponenten x_i einer Lösung gilt $0 \leq x_i \leq 25$. Wenn wir diese Komponenten in „Bierdeckelnotation" darstellen, also für $x_i = m \in \{0, \ldots, 25\}$ schreiben

$$|^m = \underbrace{||\ldots|}_{m\text{-mal}}$$

und die Zahlen in dieser Codierung in die linke Seite

$$x_1 + \ldots + x_{10}$$

der Gleichung einsetzen, dann bestehen diese aus Wörtern, die aus zwei Buchstaben gebildet sind, nämlich aus | und +. Es gibt zehn Gruppen von |-Sequenzen, die durch neun + getrennt sind. Die |-Sequenzen enthalten zwischen 0 und 25 Striche, wobei die Gesamtanzahl immer gleich 25 sein muss.

Es folgt, dass die Anzahl der Lösungen der gegebenen Gleichung gleich der Anzahl der zweibuchstabigen Wörter der Länge 34 ist, in denen ein Buchstabe 25-mal und der andere Buchstabe 9-mal vorkommen. Diese Anzahl ist gegeben durch

$$P(34; 25, 9) = \frac{34!}{25! \cdot 9!} = 52\,451\,256$$

Aufgabe 2.1

Es ist

$$
\begin{aligned}
5 &= 5 & P_{5,1} &= 1 \\
&= 1 + 4 = 2 + 3 & P_{5,2} &= 2 \\
&= 1 + 1 + 3 = 1 + 2 + 2 & P_{5,3} &= 2 \\
&= 1 + 1 + 1 + 2 & P_{5,4} &= 1 \\
&= 1 + 1 + 1 + 1 + 1 & P_{5,5} &= 1
\end{aligned}
$$

und damit $P_5 = 7$.

Aufgabe 2.2

(1) Für $k = n$ kann es nur eine Partition geben, nämlich die, die als Element nur die gesamte Menge enthält. Für $k = 1$ kann es ebenfalls nur eine Partition geben, nämlich die, die n Teilmengen mit je genau einem Element enthält.

(2) Die möglichen Partitionen der ersten Klasse sind:

$$
\begin{aligned}
M &= \{1\} & \cup & \{2\} & \cup & \{3,4\} & \cup & \{5\} \\
M &= \{1\} & \cup & \{2,3\} & \cup & \{4\} & \cup & \{5\} \\
M &= \{1\} & \cup & \{2,4\} & \cup & \{3\} & \cup & \{5\} \\
M &= \{1,2\} & \cup & \{3\} & \cup & \{4\} & \cup & \{5\} \\
M &= \{1,3\} & \cup & \{2\} & \cup & \{4\} & \cup & \{5\} \\
M &= \{1,4\} & \cup & \{2\} & \cup & \{3\} & \cup & \{5\}
\end{aligned}
$$

Die möglichen Partitionen der zweiten Klasse sind:

$$
\begin{aligned}
M &= \{1,5\} \ \cup \ \{\,2\} \ \cup \ \{3\} \ \cup \ \{4\} \\
M &- \ \{1\} \ \cup \ \{2,5\} \ \cup \ \{\,3\} \ \cup \ \{4\} \\
M &= \ \{1\} \ \cup \ \{2\} \ \cup \ \{3,5\} \ \cup \ \{\,4\} \\
M &= \ \{1\} \ \cup \ \{2\} \ \cup \ \{3\} \ \cup \ \{4,5\}
\end{aligned}
$$

Wir sehen also, dass $S_{5,4} = 10$ gilt, was auch mit der Stirling-Formel zweiter Art unter Verwendung von Beispiel 2.1 berechnet werden kann:

$$
S_{5,4} = S_{4,3} + 4 \cdot S_{4,4} = 6 + 4 \cdot 1 = 10
$$

(3) Wir zeigen die Behauptung durch vollständige Induktion. Für $n = 2$ gilt $S_{2,1} = 1$ sowie $\frac{2(2-1)}{2} = 1$, womit der Induktionsanfang gezeigt ist. Im Induktionsschritt gilt

$$
S_{n+1,n} = S_{n,n-1} + n \cdot S_{n,n} = \frac{n(n-1)}{2} + n \cdot 1 = \frac{(n+1)n}{2}
$$

womit insgesamt die Behauptung bewiesen ist.

Die Gültigkeit der Behauptung können wir auch kombinatorisch überlegen. Wenn wir aus n Elementen $a_1, \ldots, a_n$ $n-1$ Teilmengen bilden müssen, geht das so, dass wir jedes Element mit jedem anderen einmal zusammen in eine Teilmenge stecken müssen, die restlichen Teilmengen sind dann jeweils einelementig. a_1 kann mit den anderen Elementen jeweils eine solche zweielementige Teilmenge bilden. Es gibt $n-1$ Partitionen dieser Art. a_2, welches schon mit a_1 in einer Teilmenge war, kann noch mit den Elementen $a_3, \ldots, a_n$ eine zweielementige Teilmenge bilden, es gibt $n-2$ Partitionen dieser Art. Im Allgemeinen wird das Element a_i jeweils mit den Elementen $a_{i+1}, \ldots, a_n$ zu einer zweielementigen Teilmenge vereinigt, es gibt $n-i$ Partitionen dieser Art. Insgesamt gibt es dann also

$$
\sum_{i=1}^{n}(n-i) = \sum_{i=0}^{n-1} i = \frac{n(n-1)}{2}
$$

$n-1$-Partitionen von einer Menge mit n Elementen.

(4) Wir zeigen die Behauptung durch vollständige Induktion. Für $n = 2$ gilt $S_{2,2} = 1$ sowie $2^{2-1} - 1 = 1$, womit der Induktionsanfang gezeigt ist. Im Induktionsschritt gilt

$$
S_{n+1,2} = S_{n,1} + 2 \cdot S_{n,2} = 1 + 2 \cdot (2^{n-1} - 1) = 2^n - 1
$$

womit insgesamt die Behauptung bewiesen ist.

Die Gültigkeit dieser Behauptung können wir ebenfalls kombinatorisch überlegen. In wie viele nicht leere, disjunkte Teilmengen M_1 und M_2 kann eine

n-elementige Menge M partitoniert werden? Das entspricht gerade der Anzahl der Teilmengen, die höchstens $n-1$ Elemente enthalten, denn die andere Menge muss mindestens ein Element enthalten. Die Anzahl der Teilmengen einer $(n-1)$-elementigen Menge ist 2^{n-1}. Da die leere Menge als Teilmenge nicht erlaubt ist, müssen wir noch eine 1 abziehen.

Aufgabe 2.3

Dass $B_0 = 1$ gilt, ist offensichtlich.

Die Berechnung von B_{n+1} nehmen wir anhand der Menge $[1, n+1]$ vor. Dazu teilen wir die Menge aller Partitionen von $[1, n+1]$ auf in die Menge der Partitionen von $[1, n]$, deren Klassen das Element $n+1$ enthalten. Dafür gibt es $\binom{n}{k}$ Möglichkeiten. Für die jeweils verbleibende Menge gibt es dann B_{n-k} Partitionen. Wir können die Rollen von k und $n-k$ vertauschen und die Symmetrie des Binomialkoeffizienten verwenden. Insgesamt folgt damit die Behauptung.

Aufgabe 3.7

(1) Wir müssen

$$|S| = |D \cup A \cup T|$$

bestimmen, verwenden dazu die Siebformel und erhalten:

$$|D \cup A \cup T| = |D| + |A| + |T| - |D \cap A| - |D \cap T| - |A \cap T|$$

$$+ |D \cap A \cap T|$$

$$= 60 + 50 + 40 - 40 - 30 - 20 + 10$$

$$= 70$$

Insgesamt haben sich also 70 Prüflinge angemeldet.

(2) Es gilt:

$$|D \cap A - (D \cap A \cap T| = |D \cap A| - |D \cap A \cap T| = 40 - 10 = 30$$

$$|D \cap T - (D \cap A \cap T| = |D \cap T| - |D \cap A \cap T| = 30 - 10 = 20$$

$$|A \cap T - (D \cap A \cap T| = |A \cap T| - |D \cap A \cap T| = 20 - 10 = 10$$

30 Studierende schreiben also Diskrete Mathematik und Algebra, 20 Diskrete Mathematik und Theoretische Informatik und 10 Algebra und Theoretische Informatik, aber nicht alle drei Klausuren.

(3) Es seien D', A' und T' die Mengen der Prüflinge die auschließlich Diskrete Mathematik, Algebra bzw. Theoretische Informatik schreiben. Es gilt mithilfe der Siebformel:

$$\begin{aligned}
|D'| &= |S - (A \cup T)| \\
&= |S| - (|A| + |T| - |A \cap T|) \\
&= 70 - (50 + 40 - 20) = 0
\end{aligned}$$

$$\begin{aligned}
|A'| &= |S - (D \cup T)| \\
&= |S| - (|D| + |T| - |D \cap T|) \\
&= 70 - (60 + 40 - 30) = 0
\end{aligned}$$

$$\begin{aligned}
|T'| &= |S - (D \cup A)| \\
&= |S| - (|D| + |A| - |D \cap A|) \\
&= 70 - (60 + 50 - 40) = 0
\end{aligned}$$

Es gibt als keinen Prüfling, der sich nur für eine Klausur angemeldet hat.

Aufgabe 4.4

Wir suchen ein Paar von Würfeln, nach ihrem Erfinder George Sicherman *Sicherman-Würfel* genannt, die so beschriftet sind, dass jede mit diesem Paar gewürfelte Summe genauso häufig wie bei einem Paar gewöhnlicher Spielwürfel auftaucht (siehe Gardner 1978).

Wir betrachten die Seiten eines Würfels als Fächer. Dann wird ein normaler Würfel mit den Zahlen $1, \ldots, 6$ durch das Polynom

$$f(x) = x + x^2 + x^3 + x^4 + x^5 + x^6$$

beschrieben. Alle Koeffozienten sind 1, denn jede Zahl kann (bei einem Wurf) nur einmal gewürfelt werden.

Das Quadrat $f(x)^2$ dieses Polynoms gibt nun an, wie oft welche Summen mit zwei normalen Würfeln gewürfelt werden können:

$$f(x)^2 = x^2 + 2x^3 + 3x^4 + 4x^5 + 5x^6 + 6x^7 + 5x^8 + 4x^9 + 3x^{10} + 2x^{11} + x^{12}$$

Die Summen 5 und 9 können also z.B. auf 4 Arten gewürfelt werden und die Summen 3 und 11 auf 2 Arten.

Wir suchen nun zwei von $f(x)$ und untereinander verschiedene Polynome $g(x)$ und $h(x)$ mit der Eigenschaft: $g(x) \cdot h(x) = f(x)^2$. Dazu zerlegen wir $f(x)$ in irreduzible Faktoren:

$$f(x) = x \cdot (x + 1) \cdot (x^2 + x + 1) \cdot (x^2 - x + 1)$$

Das Produkt $g \cdot h = f^2$ muss jeden dieser vier Faktoren genau zweimal enthalten. Wir müssten also nun alle Möglichkeiten ausprobieren, die insgesamt acht Faktoren auf g und h aufzuteilen. Allerdings darf weder in g noch in h der Term x^0 enthalten sein, denn die Seiten der beiden Würfel müssen ungleich Null sein. Ebenso darf kein Koeffizient negativ sein, und zu guter Letzt muss die Summe der Koeffizienten sowohl in g als auch in h gleich sechs sein, denn beide Würfel sollen sechsseitig sein. Als einzige Lösung außer der nicht gewünschten $g = h = f$ ist:

$$g(x) = x \cdot (x+1) \cdot (x^2 + x + 1)$$
$$= x + 2x^2 + 2x^3 + x^4$$

$$h(x) = x \cdot (x+1) \cdot (x^2 + x + 1) \cdot (x^2 - x + 1)^2$$
$$= x + x^3 + x^4 + x^5 + x^6 + x^8$$

Der von g beschriebene Würfel hat also auf einer Seite eine 1, auf einer eine 4, auf zwei Seiten eine 2 und auf zwei Seiten eine 3. Der von h dargestellte Würfel hat sechs verschiedene Seiten mit den Zahlen $1, 3, 4, 5, 6, 8$.

Aufgabe 5.1

Wir setzen (5.10), d.h. $f_h(n) = \sum_{j=1}^{k} A_j \lambda_j^n$, in (5.8), d.h. in $\sum_{i=0}^{k} \alpha_i f(n+i)$, ein und erhalten

$$\sum_{i=0}^{k} \alpha_i \sum_{j=1}^{k} A_j \lambda_j^{n+i} = \sum_{j=1}^{k} A_j \lambda_j^n \sum_{i=0}^{k} \alpha_i \lambda_j^i = \sum_{j=1}^{k} A_j \lambda_j^n \cdot 0 = 0$$

denn es gilt $\sum_{i=0}^{k} \alpha_i \lambda_j^i = 0$ für alle λ_j, $1 \le j \le k$, da diese die Nullstellen der charakteristischen Gleichung $\sum_{i=0}^{k} \alpha_i \lambda^i$ sind.

Aufgabe 5.2

Die charakteristische Gleichung lautet $\lambda^2 - 5\lambda + 6 = 0$. Die Lösungen dieser quadratischen Gleichung sind $\lambda_1 = 2$ und $\lambda_2 = 3$. Die allgemeine Lösung lautet somit $f_h(n) = A_1 \cdot 2^n + A_2 \cdot 3^n$.

(1) Mithilfe der Anfangswerte $f(0) = 0$ und $f(1) = 2$ erhalten wir die beiden Gleichungen $A_1 + A_2 = 0$ und $A_1 \cdot 2 + A_2 \cdot 3 = 2$, woraus $A_1 = -2$ und $A_2 = 2$ folgt. Die Lösung der Differenzengleichung ist also $f(n) = -2^{n+1} + 2 \cdot 3^n$.

(2) Mithilfe der Anfangswerte $f(0) = 1$ und $f(1) = 2$ erhalten wir die beiden Gleichungen $A_1 + A_2 = 1$ und $A_1 \cdot 2 + A_2 \cdot 3 = 2$, woraus $A_1 = 1$ und $A_2 = 0$ folgt. Die Lösung der Differenzengleichung ist also $f(n) = 2^n$.

Aufgabe 5.3

(1) Aus $\phi + \hat{\phi} = 1$ folgt $\phi = 1 - \hat{\phi}$ und daraus die Behauptung.

(2) Wir beweisen die Behauptung mithilfe vollständiger Induktion. Für $n = 0$ ist einerseits $F_{0+1} = F_1 = 1$ und andererseits $\sum_{k=0}^{1} \binom{1-k}{k} = \binom{1-0}{0} + \binom{1-1}{1} = 1+0 = 1$, womit der Induktionsanfang gezeigt ist. Des Weiteren gilt mithilfe der Induktionsannahme, mit Gleichung (1.18) und mit der Festlegung, dass $\binom{n}{k} = 0$ ist für $k < 0$ und $n < 0$

$$F_{n+2} = F_{n+1} + F_n = \sum_{k=0}^{n} \binom{n-k}{k} + \sum_{k=0}^{n-1} \binom{n-1-k}{k}$$

$$= \sum_{k=0}^{n} \binom{n-k}{k} + \sum_{k=1}^{n} \binom{n-k}{k-1}$$

$$= \sum_{k=0}^{n+1} \binom{n-k}{k} + \sum_{k=0}^{n+1} \binom{n-k}{k-1}$$

$$= \sum_{k=0}^{n+1} \left[\binom{n-k}{k} + \binom{n-k}{k-1} \right]$$

$$= \sum_{k=0}^{n+1} \binom{n+1-k}{k}$$

womit der Induktionsschritt und damit insgesamt die Behauptung gezeigt ist.

Aufgabe 5.5

(1) Die charakteristische Gleichung lautet $\lambda^4 - 10\lambda^3 + 37\lambda^2 - 60\lambda + 36 = 0$. Die Lösungen dieser Gleichung sind $\lambda_1 = 2$ und $\lambda_2 = 3$, wobei beide Nullstellen zweifache Nullstellen sind. Die allgemeine Lösung lautet somit

$$f_h(n) = (A \cdot n + B) \cdot 2^n + (C \cdot n + D) \cdot 3^n$$

Mithilfe der Anfangswerte bestimmen wir die Parameter A, B, C und D, indem wir das folgende Gleichungssystem lösen:

$$
\begin{array}{rcrcrcrclcl}
 & & B & & & + & D & = & 0 & = & f(0) \\
2A & + & 2B & + & 3C & + & 3D & = & 1 & = & f(1) \\
8A & + & 4B & + & 18C & + & 9D & = & 2 & = & f(2) \\
24A & + & 8B & + & 81C & + & 27D & = & 3 & = & f(3)
\end{array}
$$

Die Lösungen sind $A = 4$, $B = 12$, $C = \frac{5}{3}$ und $D = -12$. Damit ergibt sich die Lösung

$$f(n) = (4n + 12) \cdot 2^n + \left(\frac{5}{3} - 12\right) \cdot 3^n = (n + 3) \cdot 2^{n+2} + (5n - 36) \cdot 3^{n-1}$$

Testen Sie wieder diese Lösung, indem Sie etwa die Funktionswerte für $0 \leq n \leq 5$ ausrechnen und diese mit den Werten vergleichen, die Sie bekommen, wenn Sie die Werte mit der Differenzengleichung bestimmen!

(2) Die charakteristische Gleichung lautet

$$\lambda^3 - \lambda^2 - \lambda + 1 = 0$$

Sie hat die doppelte Nullstelle $\lambda_1 = \lambda_2 = 1$ und die einfache Nullstelle $\lambda_3 = -1$. Als allgemeine Lösung ergibt sich

$$f(n) = (An + B) \cdot 1^n + C \cdot (-1)^{-1}$$

Die Anfangswerte liefern das Gleichungssystem

$$
\begin{aligned}
f(0) &= 0 = && B &+ C \\
f(1) &= 0 = & A &+ B &- C \\
f(2) &= 1 = & 2A &+ B &+ C
\end{aligned}
$$

Es ergeben sich die Lösungen $A = \frac{1}{2}$, $B = -\frac{1}{4}$ und $C = \frac{1}{4}$. Damit erhalten wir die Lösung

$$f(n) = \frac{1}{2}n - \frac{1}{4} + \frac{1}{4}(-1)^n = \frac{1}{2}n - \frac{1}{4}(1 - (-1)^n)$$

Man kann zeigen, dass für gerade n

$$f(n) = f(n + 1) = \frac{n}{2}$$

d.h. für $n \in \mathbb{N}_0$

$$f(n) = \left\lfloor \frac{n}{2} \right\rfloor$$

gilt (zur unteren Gaussklammer $\lfloor \cdot \rfloor$ siehe Anhang). Im n-ten und $n+1$-ten Monat leben also $\frac{n}{2}$ Kaninchen.

Aufgabe 5.7

(1) Wir betrachten die Differenzen benachbarter Folgenglieder, $13 - 6 = 7$, $27 - 13 = 14$, $55 - 27 = 28$, und stellen fest, dass diese mit 7 beginnen und sich dann verdoppeln. Es gilt die rekursive Beziehung

$$a_{n+1} = 2a_n + 1$$

die folgender linearer Differenzengleichung vom Grad 1

$$a(n + 1) - 2a(n) = 1 \tag{L.1}$$

mit dem Anfangswert $a_0 = 6$ entspricht. Die charakteristische Gleichung der zugehörigen homogenen Gleichung lautet

$$\lambda - 2 = 0$$

Sie hat die Lösung $\lambda = 2$. Wir erhalten die allgemeine Lösung der homogenen Gleichung

$$a_h(n) = A \cdot 2^n$$

Die Störfunktion ist die Konstante 1, also ein Polynom vom Grad 0. Deshalb versuchen wir die spezielle Lösung

$$a_s(n) = B$$

Für diese muss (L.1) gelten, d.h.

$$B - 2B = 1$$

woraus $B = -1$ folgt, d.h. die spezielle Lösung ist

$$a_s(n) = -1$$

Die Addition der allgemeinen und der speziellen Lösungen ergibt

$$a(n) = a_h(n) + a_s(n) = A \cdot 2^n - 1$$

Wir bestimmen A mithilfe des Anfangswertes $a(0) = 6$: Es gilt

$$6 = a(0) = A \cdot 2^0 - 1 = A - 1$$

woraus $A = 7$ folgt, und damit erhalten wir eine Berechnungsvorschrift für die Folge $\{\, a \,\}_{n \geq 0}$:

$$a_n = 7 \cdot 2^n - 1$$

(2) Wir bezeichnen die Anzahl mit $T(n)$. Dann gilt, dass dafür zweimal Stapel der Größe $n - 1$ sowie eine weitere Scheibe bewegt werden. Es gilt also folgende Beziehung:

$$T(0) = 0 \text{ und } T(n) = 2T(n-1) + 1 \text{ für } n \geq 1 \qquad \text{(L.2)}$$

Somit liegt eine inhomogene lineare Differenzengleichung vom Grad 1 mit ganzzahligen Koeffizienten vor:

$$T(n) - 2T(n-1) = 1$$

Die charakteristische Gleichung der zugehörigen homogenen Gleichung lautet $\lambda - 2 = 0$, sie hat offensichtlich die Lösung $\lambda = 2$. Damit ergibt sich die allgemeine Lösung der homogenen Gleichung zu

$$T_h(n) = A \cdot 2^n$$

Die Störfunktion ist die Konstane $g(n) = 1$, ein Polynom vom Grad 0. Wir versuchen deshalb als spezielle Lösung

$$T_s(n) = B$$

Eingesetzt in (L.2) ergibt:

$$1 = T_s(n+1) - 2T_s(n) = B - 2B = -B$$

woraus sich $B = -1$ und damit $T_s(n) = -1$ ergibt. Durch Addition der beiden Lösungen erhalten wir

$$T(n) = T_h(n) + T_s(n) = A \cdot 2^n - 1$$

Wir benutzen den Anfangswert $T(0) = 0$, um A zu bestimmen und erhalten $A = 1$, womit die Lösung
$$T(n) = 2^n - 1$$

gegeben ist. Bei der Ausführung des Algorithmus werden also insgesamt $2^n - 1$ Scheibenbewegungen für das Umstapeln durchgeführt.

Aufgabe 5.8

(1) Die Anzahl der Vergleiche $f(n)$ ergibt sich durch

$$f(1) = 0 \text{ und } f(n) = f(n-1) + (n-1) \text{ für } n \geq 2$$

d.h. durch die inhomogene lineare Differenzengleichung

$$f(n+1) - f(n) = n \tag{L.3}$$

mit dem Anfangswert $f(0) = 0$. Dies ist aber genau die Differenzengleichung (5.31), deren Lösung (5.32) wir vor dieser Übung berechnet haben.

(2) Die charakteristische Gleichung $\lambda + 1 = 0$ hat die Lösung $\lambda = -1$, wir erhalten $f_h(n) = A \cdot (-1)^n$. Als spezielle Lösung setzen wir $f_s(n) = Bn + C$ an, da die Störfunktion n ein Polynom vom Grad 1 ist. Einsetzen in die Differenzengleichung (L.3) liefert

$$B(n+1) + C + Bn + C = n \text{ und damit } 2Bn + B + 2C = n$$

Koeffizientenvergleich liefert $2B = 1$ sowie $B + 2C = 0$ und damit $B = \frac{1}{2}$ bzw. $C = -\frac{1}{4}$. Die spezielle Lösung lautet somit $f_s(n) = \frac{1}{2}n - \frac{1}{4}$ und die allgemeine Lösung ist

$$f(n) = A \cdot (-1)^n + \frac{1}{2}n - \frac{1}{4}$$

Mithilfe des Anfangswertes $f(1) = 0$ erhalten wir $A = \frac{1}{4}$ und damit als Lösung
$$f(n) = \frac{1}{4} \cdot (-1)^n + \frac{1}{2}n - \frac{1}{4} = \frac{1}{4}(2n - 1 + (-1)^n)$$

Funktionswerte: $f(0) = 0$, $f(1) = 0$, $f(2) = 1$, $f(3) = 1$, $f(4) = 2$, $f(5) = 2$, $f(6) = 3$, $f(7) = 3$, $f(8) = 4$, $f(9) = 4$, $f(10) = 5$.

(3) Die charakteristische Gleichung $\lambda^2 + 1 = 0$ hat die Lösungen $\lambda_1 = \sqrt{-1} = i$ und $\lambda_2 = -\sqrt{-1} = -i$, wir erhalten $f_h(n) = A \cdot i^n + B \cdot (-i)^n$. Als spezielle Lösung setzen wir $f_s(n) = Cn + D$ an. Einsetzen in die Differenzengleichung liefert

$$C(n + 2) + D + Cn + D = n \text{ und damit } 2Cn + 2C + 2D = n$$

Koeffizientenvergleich liefert $2C = 1$ sowie $2C + 2D = 0$ und damit $C = \frac{1}{2}$ bzw. $D = -\frac{1}{2}$. Die spezielle Lösung lautet somit $f_s(n) = \frac{1}{2}n - \frac{1}{2}$ und die allgemeine Lösung ist

$$f(n) = A \cdot i^n + B \cdot (-i)^n + \frac{1}{2}n - \frac{1}{2}$$

Mit den Anfangswerten $f(0) = 0$ und $f(1) = 0$ erhalten wir $0 = A + B - \frac{1}{2}$ sowie $0 = Ai - Bi$ und daraus $A = \frac{1}{4}$ und $B = \frac{1}{4}$ und damit als Lösung

$$f(n) = \frac{1}{4} \cdot i^n + \frac{1}{4}(-i)^n + \frac{1}{2}n - \frac{1}{2} = \frac{1}{4}\left(i^n + (-i)^n + 2n - 2\right)$$

$$= \begin{cases} \frac{1}{2}n, & n = 0\,(4) \\ \frac{1}{2}(n - 1), & n = 1\,(4) \text{ oder } n = 3\,(4) \\ \frac{1}{2}n - 1, & n = 2\,(4) \end{cases}$$

($a = b\,(m)$ bedeutet, dass a bei Division durch m den Rest b lässt.)

Funktionswerte: $f(0) = 0$, $f(1) = 0$, $f(2) = 0$, $f(3) = 1$, $f(4) = 2$, $f(5) = 2$, $f(6) = 2$, $f(7) = 3$, $f(8) = 4$, $f(9) = 4$, $f(10) = 4$.

(4) Die charakteristische Gleichung $\lambda^2 - 3\lambda + 2 = 0$ hat die Lösungen $\lambda_1 = 2$ und $\lambda_2 = 1$. Wir erhalten $f_h(n) = A \cdot 2^n + B$. Als spezielle Lösung setzen wir $f_s(n) = C$, da die Störfunktion -1 eine Konstante ist. Einsetzen in die Differenzengleichung liefert $C - 3C + 2C = -1$, was uns nicht weiterführt. Wir probieren $f_s(n) = Cn$. Einsetzen liefert

$$-1 = C(n + 2) - 3C(n + 1) + 2Cn = -C$$

also $C = 1$ und damit $f_s(n) = n$. Wir erhalten als allgemeine Lösung

$$f(n) = f_h(n) + f_s(n) = A \cdot 2^n + n + B$$

Mit den Anfangswerten $f(0) = 2$ und $f(1) = 4$ erhalten wir die Gleichungen $A + B = 2$ und $2A + B = 3$ mit den Lösungen $A = B = 1$. Die Lösung ist also

$$f(n) = 2^n + n + 1$$

Funktionswerte: $f(0) = 2$, $f(1) = 4$, $f(2) = 7$, $f(3) = 12$, $f(4) = 21$, $f(5) = 38$, $f(6) = 71$, $f(7) = 136$, $f(8) = 265$, $f(9) = 522$, $f(10) = 1035$.

Aufgabe 5.9

Die homogene Gleichung ist gleich der Differenzengleichung (5.37), die Basis 3 der Potenzfunktion ist gleich der Lösung λ_2 der homogenen Lösung. Wir verwenden also auch für diesen Fall den Ansatz (5.38) für die Bestimmung der speziellen Lösung. Wir erhalten

$$f_s(n) = \frac{n \cdot 3^{n-1}}{1 \cdot (-5) \cdot 3^{1-1} + 2 \cdot 1 \cdot 3^{2-1}} = n \cdot 3^{n-1}$$

und damit die allgemeine Lösung $f(n) = A \cdot 2^n + B \cdot 3^n + n \cdot 3^{n-1}$. Mit den Anfangswerten $f(0) = 0$ und $f(1) = 1$ erhalten wir $A = 0$ sowie $B = 0$ und damit die Lösung $f(n) = n \cdot 3^{n-1}$.

Aufgabe 5.10

(1) Die charakteristische Gleichung $\lambda^2 - 5\lambda + 6 = 0$ hat die Lösungen $\lambda_1 = 2$ und $\lambda_2 = 3$, wir erhalten

$$f_h(n) = A \cdot 2^n + B \cdot 3^n \tag{L.4}$$

Wir bestimmen spezielle Lösungen $f_{s_1}(n)$ für das Polynom $n^2 - 1$ sowie $f_{s_2}(n)$ für die Potenz 5^n getrennt mit den entsprechenden Verfahren.

Als spezielle Lösung für das Polynom setzen wir $f_{s_1}(n) = Cn^2 + Dn + E$ an. Einsetzen in die Differenzengleichung liefert

$$\begin{aligned}
n^2 - 1 = \, &C(n+2)^2 + D(n+2) + E \\
&- 5\left(C(n+1)^2 + D(n+1) + E\right) \\
&+ 6\left(Cn^2 + Dn + E\right)
\end{aligned}$$

Ausrechnen der rechten Seite ergibt

$$2Cn^2 + (-6C + 2D)n + (-C - 3D + 2E) = n^2 - 1$$

Durch Koeffizientenvergleich erhalten wir $2C = 1$, $2D - 6C = 0$ sowie $2E - C - 3D = 0$ und damit $C = \frac{1}{2}$, $D = \frac{3}{2}$ bzw. $E = 2$. Die spezielle Lösung für das Polynom lautet somit

$$f_{s_1}(n) = \frac{1}{2}n^2 + \frac{3}{2}n + 2 \tag{L.5}$$

Als spezielle Lösung für die Potenz 5^n setzen wir, da die Basis 5 keine Wurzel der charakteristischen Gleichung ist, gemäß (5.33

$$f_{s_2} = \frac{5^n}{6 \cdot 5^0 - 5 \cdot 5^1 + 1 \cdot 5^2} = \frac{5^n}{6} \tag{L.6}$$

Aus (L.4), (L.5) und (L.6) erhalten wir die allgemeine Lösung

$$f(n) = A \cdot 2^n + B \cdot 3^n + \frac{1}{2}n^2 + \frac{3}{2}n + 2 + \frac{5^n}{6} \tag{L.7}$$

Mit den Anfangswerten $f(0) = 0$ und $f(1) = 1$ erhalten wir das Gleichungssystem

$$A + B = -\frac{13}{6}$$

$$2A + 3B = -\frac{23}{6}$$

mit den Lösungen $A = -\frac{8}{3}$ und $\frac{1}{2}$, die eingesetzt in (L.7) die Lösung

$$f(n) = \frac{1}{6}\left(5^n + 3^{n+1} - 2^{n+4} + 3n^2 + 9n + 12\right)$$

ergeben.

(2) Die charakteristische Gleichung $\lambda^2 - \lambda - 2 = 0$ besitzt die Lösungen $\lambda_1 = 2$ und $\lambda_2 = -1$. Wir erhalten als allgemeine Lösung der homogenen Gleichung

$$f_h(n) = A \cdot 2^n + B \cdot (-1)^n \qquad \text{(L.8)}$$

Da λ_2 die Basis der Störfunktion ist, setzen wir gemäß (5.38) als spezielle Lösung

$$f_s(n) = \frac{n \cdot (-1)^{n-1}}{1 \cdot (-1) \cdot (-1)^0 + 2 \cdot 1 \cdot (-1)^1} = \frac{(-1)^n}{3} \cdot n \qquad \text{(L.9)}$$

Addition von (L.8) und (L.9) ergibt die allgemeine Lösung

$$f(n) = A \cdot 2^n + B \cdot (-1)^n + \frac{(-1)^n}{3} \cdot n$$

Mithilfe der Anfangswerte berechnen wir $A = \frac{4}{9}$ und $B = -\frac{4}{9}$, womit sich die Lösung

$$f(n) = \frac{4}{9}\left(2^n + \left(\frac{3}{4}n - 1\right) \cdot (-1)^n\right)$$

ergibt.

(3) Die charakteristische Gleichung $\lambda^2 - \lambda + 2 = 0$ besitzt die Lösungen

$$\lambda_1 = \frac{1}{2}\left(1 + i\sqrt{7}\right) \quad \text{und} \quad \lambda_2 = \frac{1}{2}\left(1 - i\sqrt{7}\right)$$

Damit ergibt sich als allgemeine Lösung der homogenen Gleichung

$$f_h(n) = A \cdot \left(\frac{1}{2}\left(1 + i\sqrt{7}\right)\right)^n + B \cdot \left(\frac{1}{2}\left(1 - i\sqrt{7}\right)\right)^n \qquad \text{(L.10)}$$

Gemäß (5.33) ergibt sich die spezielle Lösung

$$f_s(n) = \frac{(-1)^n}{2 \cdot (-1)^0 + (-1) \cdot (-1)^1 + 1 \cdot (-1)^2} = \frac{(-1)^n}{4} \qquad \text{(L.11)}$$

Addition von (L.10) und (L.11) ergibt die allgemeine Lösung

$$f(n) = A \cdot \left(\frac{1}{2} \left(1 + i\sqrt{7} \right) \right)^n + B \cdot \left(\frac{1}{2} \left(1 - i\sqrt{7} \right) \right)^n + \frac{(-1)^n}{4}$$

Mithilfe der Anfangswerte erhalten wir

$$A = -\frac{1}{8} - \frac{11}{56} i\sqrt{7}$$

$$B = -\frac{1}{8} + \frac{11}{56} i\sqrt{7}$$

und damit die Lösung

$$f(n) = \left(-\frac{1}{8} - \frac{11}{56} i\sqrt{7} \right) \left(\frac{1}{2} \left(1 + i\sqrt{7} \right) \right)^n$$

$$+ \left(-\frac{1}{8} + \frac{11}{56} i\sqrt{7} \right) \left(\frac{1}{2} \left(1 - i\sqrt{7} \right) \right)^n + \frac{(-1)^n}{4}$$

(4) Es sei $q = 1 + \frac{p}{100}$, dann gilt offensichtlich $K(n+1) = q \cdot K(n)$. Die homogene Differenzengleichung $K(n+1) - q \cdot K(n) = 0$ beschreibt also die jährliche Verzinsung. Die charakteristische Gleichung ist $\lambda - q = 0$. Sie hat die Lösung $\lambda = q$. Wir erhalten damit als allgemeine Lösung $K(n) = A \cdot q^n$. Mit dem Anfangswert $K(0) = K_0$ erhalten wir $A = K_0$ und damit als Lösung $K(n) = K_0 \cdot q^n$, die allgemein bekannte Zinseszinsformel.

(5) Nach n Drehungen hat die Rolle einen Durchmesser von $d + 2tn$ und damit einen Umfang von $\pi(d + 2tn)$. Bei der nächsten Drehung wird Blech von dieser Länge aufgewickelt. Es folgt

$$L(n+1) = L(n) + \pi(d + 2tn)$$

Die Gesamtlänge wird also durch die inhomogene Differenzengleichung

$$L(n+1) - L(n) = \pi(d + 2tn), \ L(0) = 0$$

beschrieben. Die charakteristische Gleichung $\lambda - 1 = 0$ hat die Lösung $\lambda = 1$, die allgemeine Lösung der homogenen Gleichung ist also $L_h(n) = A$. Die Funktion $\pi(d + 2tn)$ ist ein Polynom ersten Grades. Der Ansatz $L_s(n) = Bn + C$ als spezielle Lösung führt nicht weiter (probieren Sie es aus). Wir wählen den Ansatz $L_s(n) = Bn^2 + Cn + D$. Durch Einsetzen in die Gleichung erhalten wir

$$B(n+1)^2 + C(n+1) + D - (Bn^2 + Cn + D) = \pi(d + 2tn)$$

Ausrechnen liefert

$$2Bn + B + C = d\pi + 2t\pi n$$

Mit Koeffizientenvergleich bestimmen wir $2B = 2t\pi$ sowie $B + C = d\pi$, also $B = t\pi$ bzw. $C = (d - t)\pi$. Die allgemeine Lösung der inhomogenen Gleichung ist also

$$L(n) = A + t\pi n^2 + (d - t)\pi n = A + \pi n(t(n - 1) + d)$$

Mit dem Anfangswert $L(0) = 0$ ergibt sich $A = 0$ und damit die Lösung

$$L(n) = \pi n(t(n - 1) + d)$$

(6) Diese Problemstellung lässt sich auf das „Kaninchenproblem" transformieren: Jede Bitfolge steht quasi für ein Kaninchenpaar. Ist das letzte Bit 0, bedeutet dies, dass das Paar noch nicht geschlechtsreif ist, im nächsten Zeitraum geschlechtsreif wird, und deshalb dieser 0 eine 1 folgen muss und keine 0 folgen darf. War die Folge also $x0$, dann entsteht daraus die Folge $x01$ (das Paar lebt weiter und wird geschlechtsreif). Ist das letzte Bit eine 1, bedeutet dies, dass dieses Paar geschlechtsreif ist und im nächsten Zeitraum ein neues Paar zeugt und selbst selbstverständlich weiterlebt. War die Folge $x1$, bekommen wir also zwei neue Folgen: $x10$, ein neues Paar wird gezeugt und ist noch nicht geschlechtsreif, sowie $x11$, das alte Paar lebt weiter und bleibt geschlechtsreif.

Aus dieser Analogie der Aufgabe zum Kaninchenproblem leiten wir eine Gleichung für $B(n)$ ab: Die Bitfolgen der Länge n ergeben sich zum einen aus allen Bitfolgen x der Länge $n-1$, indem an diese eine 1 angehängt wird, denn diese bleiben weiter geschlechtsreif (letztes Bit von x ist dann 1) oder werden geschlechtsreif (letztes Bit von x ist 0). Zum anderen ergeben sich Bitfolgen der Länge n aus den Folgen y der Länge $n - 2$, indem diesen 10 angehängt wird, denn diese, unabhängig davon, ob geschlechtsreif oder nicht (letztes Bit von y ist 1 bzw. 0), leben weiter, bleiben bzw. werden geschlechtsreif zum Zeitpunkt $n - 1$ und zeugen ein neues Paar zum Zeitpunkt n.

Betrachten wir die Situation für $n = 3$. Mit der Länge $n - 1 = 2$ gibt es drei Folgen: 01, 10 und 11. Diese drei überleben und erhalten eine 1 angefügt: 011, 101 und 111. Mit der Länge $n - 2 = 1$ gibt es zwei Folgen: 0 und 1. Diese werden bzw. bleiben geschlechtsreif und zeugen ein neues Paar, deswegen wird ihnen 10 angehängt: Wir erhalten 010 und 110. Damit haben wir alle erlaubten Bitfolgen der Länge 3 erzeugt: 011, 101, 111, 010 und 110. Die drei weiteren Bitfolgen der Länge 3, 000, 001 und 100, sind nicht erlaubt, da in ihnen zwei Nullen aufeinander folgen.

Wir erhalten also die Differenzengleichung der Fibonacci-Folge

$$B(n + 2) - B(n + 1) - B(n) = 0$$

allerdings mit leicht geänderten Anfangswerten: $B(0) = 1$ und $B(1) = 2$.

Aufgabe 5.11

Die Lösungen der charakteristischen Gleichung $\lambda^2 - 1 = 0$ sind $\lambda_1 = 1$ und $\lambda_2 = -1$. Damit erhalten wird die allgemeine Lösung der homogenen Gleichung

$$f_h(n) = A + B \cdot (-1)^n \qquad \text{(L.12)}$$

(1) Mit den Anfangswerten erhalten wir $A = \frac{1}{2}$ und $B = -\frac{1}{2}$ und damit die Lösung

$$f(n) = \frac{1}{2}\left(1 + (-1)^{n+1}\right)$$

Sie beschreibt die Folge $0, 1, 0, 1, 0, 1, \ldots$, sprich

$$f(n) = \begin{cases} 0, & n \text{ gerade} \\ 1, & n \text{ ungerade} \end{cases}$$

(2) Wir betrachten die Störfunktion $g(n) = 1$ als Potenzfunktion $g(n) = 1^n$, deren Basis gleich der Nullstelle λ_1 des charakteristischen Polynoms ist. Wir wählen den Ansatz (5.38) und erhalten

$$f_s(n) = \frac{n \cdot 1^{n-1}}{2 \cdot 1 \cdot 1^1} = \frac{n}{2} \qquad \text{(L.13)}$$

als spezielle Lösung. Addition von (L.12) und (L.13) ergibt die allgemeine Lösung

$$f(n) = A + B \cdot (-1)^n + \frac{n}{2}$$

Mithilfe der Anfangswerte ergibt sich $A = \frac{1}{4}$ und $B = -\frac{1}{4}$ und damit die Lösung

$$f(n) = \frac{1}{4}\left(1 + (-1)^{n+1} + 2n\right)$$

Sie beschreibt die Folge $0, 1, 1, 2, 2, 3, 3, \ldots$, d.h. es ist $f(n) = \left\lceil \frac{n}{2} \right\rceil$.

(3) Wir betrachten die Störfunktion $g(n) = -1$ als Potenzfunktion $g(n) = -1 \cdot 1^n$, deren Basis gleich der Nullstelle λ_1 des charakteristischen Polynoms ist; die Konstante von $g(n)$ ist -1. Wir wählen den Ansatz (5.38) und erhalten

$$f_s(n) = \frac{n \cdot (-1)}{2 \cdot 1 \cdot 1^1} = -\frac{n}{2} \qquad \text{(L.14)}$$

als spezielle Lösung. Addition von (L.12) und (L.14) ergibt die allgemeine Lösung

$$f(n) = A + B \cdot (-1)^n - \frac{n}{2}$$

Mithilfe der Anfangswerte ergibt sich $A = \frac{3}{4}$ und $B = -\frac{3}{4}$ und damit die Lösung

$$f(n) = \frac{3}{4}\left(1 + (-1)^{n+1} - \frac{2}{3}n\right)$$

Sie beschreibt die Folge $0, 1, -1, 0, -2, -1, -3, -2, -4, -3, \ldots$, d.h. es ist

$$f(n) = \begin{cases} -\frac{n}{2}, & n \text{ gerade} \\[2mm] \frac{3-n}{2}, & n \text{ ungerade} \end{cases}$$

(4) Die Basis der Störfunktion $g(n) = (-1)^n$ ist gleich der Nullstelle λ_2 des charakteristischen Polynoms. Wir wählen den Ansatz (5.38) und erhalten

$$f_s(n) = \frac{n \cdot (-1)^{n-1}}{2 \cdot 1 \cdot (-1)^1} = \frac{1}{2} n \, (-1)^n \qquad (L.15)$$

als spezielle Lösung. Addition von (L.12) und (L.15) ergibt die allgemeine Lösung

$$f(n) = A + B \cdot (-1)^n + \frac{1}{2} n \, (-1)^n$$

Mithilfe der Anfangswerte ergibt sich $A = \frac{3}{4}$ und $B = -\frac{3}{4}$ und damit die Lösung

$$f(n) = \frac{3}{4} \left(1 + \left(\frac{2}{3} n - 1 \right) (-1)^n \right)$$

Sie beschreibt die Folge $0, 1, 1, 0, 2, -1, 3, -2, 4, -3, \ldots$, d.h. es ist

$$f(n) = \begin{cases} \frac{n}{2}, & n \text{ gerade} \\[2mm] \frac{3-n}{2}, & n \text{ ungerade} \end{cases}$$

Aufgabe 5.12

Es ist $a = -2$ und $b = 2$, somit $D(a,b) = -4 < 0$. Es ergibt sich $r = \sqrt{2}$ sowie $\cos\theta = \frac{1}{\sqrt{2}}$ und $\sin\theta = \frac{1}{\sqrt{2}}$, woraus $\theta = \frac{\pi}{4}$ folgt. Wir erhalten somit die allgemeine Lösung

$$f_h(n) = A \left(\sqrt{2} \right)^n \cos \left(B + n \frac{\pi}{4} \right)$$

Wir bestimmen A und B mithilfe der Anfangswerte: Es ist $0 = f(0) =$

$A \cos B$, woraus $B = \frac{\pi}{2}$ folgt. Damit gilt

$$1 = f(1) = \sqrt{2} A \cos\left(B + \frac{\pi}{4}\right)$$

$$= \sqrt{2} A \cos\left(\frac{\pi}{2} + \frac{\pi}{4}\right)$$

$$= \sqrt{2} A \cos\left(\frac{3}{4}\pi\right)$$

$$= \sqrt{2} A \cdot -\frac{1}{\sqrt{2}}$$

$$= -A$$

woraus $A = -1$ folgt. Insgesamt ergibt sich also

$$f(n) = -\left(\sqrt{2}\right)^n \cos\left(\frac{\pi}{2} + n\frac{\pi}{4}\right) = \left(\sqrt{2}\right)^n \sin\frac{n\pi}{4}$$

Aufgabe 5.13

(1) Wir versuchen, eine erzeugende Funktion

$$F(z) = \sum_{n=0}^{\infty} f_n z^n \tag{L.16}$$

zu finden. Wir multiplizieren die Differenzengleichung mit z^n und erhalten

$$f_n z^n = 8 f_{n-1} z^n - 7 f_{n-2} z^n \quad \text{für } n \geq 2$$

Daraus folgt

$$\sum_{n=2}^{\infty} f_n z^n = 8 \sum_{n=1}^{\infty} f_n z^{n+1} - 7 \sum_{n=0}^{\infty} f_n z^{n+2}$$

Mit (L.16) folgt

$$F(z) - f_0 - f_1 z = 8z(F(z) - f_0) - 7z^2 F(z)$$

Unter Berücksichtigung der Anfangswerte $f_0 = 0$ und $f_1 = 1$ folgt

$$F(z) = \frac{z}{1 - 8z + 7z^2} \tag{L.17}$$

Wir zerlegen $F(z)$ in einen Partialbruch und erhalten

$$F(z) = \frac{A}{(1 - \alpha z)} + \frac{B}{(1 - \beta z)} \tag{L.18}$$

$$= \frac{(A + B) - (A\beta + B\alpha)z}{1 - (\alpha + \beta)z + \alpha\beta z^2} \tag{L.19}$$

Wir bestimmen zunächst α und β durch Koeffizientenvergleich von (L.17) und (L.19): Es gilt $\alpha + \beta = 8$, also $\beta = 8 - \alpha$, sowie $\alpha \cdot \beta = \alpha \cdot (8 - \alpha) = 8\alpha - \alpha^2 = 7$. Die Gleichung

$$\alpha^2 - 8\alpha + 7 = 0$$

die im Übrigen der charakteristischen Gleichung der zu lösenden Differenzengleichung entspricht, hat die Wurzeln $\alpha_1 = 1$ und $\alpha_2 = 7$. Daraus ergibt sich $\beta_1 = 7$ bzw. $\beta_2 = 1$. O.B.d.A. wählen wir für das weitere Fortgehen

$$\alpha = \alpha_1 = 1 \text{ und } \beta = \beta_1 = 7$$

Damit wird (L.19) zu

$$F(z) = \frac{(A + B) - (7A - A)z}{1 - 8z + 7z^2} = \frac{(A + B) - 6Az}{1 - 8z + 7z^2}$$

woraus durch Koeffizientenvergleich mit (L.17) folgt $A + B = 0$, also $B = -A$, sowie $-6A = 1$, also

$$A = -\frac{1}{6} \text{ und damit } B = \frac{1}{6}$$

Insgesamt haben wir jetzt die Partialbruchzerlegung (L.18) von F bestimmt:

$$F(z) = -\frac{1}{6} \cdot \frac{1}{1 - z} + \frac{1}{6} \cdot \frac{1}{1 - 7z}$$

Mithilfe der Potenzreihendarstellung (5.79) erhalten wir

$$F(z) = -\frac{1}{6} \sum_{n=0}^{\infty} z^n + \frac{1}{6} \sum_{n=0}^{\infty} (7z)^n$$

$$= \frac{1}{6} \sum_{n=0}^{\infty} (7^n - 1)z^n$$

$$= \sum_{n=0}^{\infty} \frac{1}{6}(7^n - 1)z^n$$

Daraus folgt die gesuchte Lösung

$$f_n = \frac{1}{6}(7^n - 1)$$

(2) Wie wir schon aus (1) wissen, hat die charakteristische Gleichung $\lambda^2 - 8\lambda + 7 = 0$ der gegebenen Differenzengleichung die Lösungen $\lambda_1 = 1$ und $\lambda_2 = 7$. Wir erhalten also die allgemeine Lösung

$$f_n = A \cdot 1^n + B \cdot 7^n = A + B \cdot 7^n$$

Mithilfe der gegebenen Anfangswerte erhalten wir das Gleichungssystem

$$0 = f_0 = A + B$$
$$1 = f_1 = A + 7B$$

mit den Lösungen $A = -\frac{1}{6}$ und $B = \frac{1}{6}$ und damit die Lösung

$$f_n = -\frac{1}{6} + \frac{1}{6} \cdot 7^n = \frac{1}{6}(7^n - 1)$$

Aufgabe 5.14

b) Es ist $a = -3$ und $b = 4$. Durch Einsetzen in (5.105) erhalten wir die Lösung

$$f(n) = \frac{1}{5}\left(1 - (-4)^n\right)$$

Aufgabe 6.1

Es gilt:

$$\binom{x-1}{k} + \binom{x-1}{k-1} = \frac{(x-1)^{\underline{k}}}{k!} + \frac{(x-1)^{\underline{k-1}}}{(k-1)!}$$

$$= \frac{1}{k!}\prod_{i=1}^{k}(x-i) + \frac{1}{(k-1)!}\prod_{i=1}^{k-1}(x-i)$$

$$= \frac{1}{k!}\left[(x-k)\prod_{i=1}^{k-1}(x-i) + k\prod_{i=1}^{k-1}(x-i)\right]$$

$$= \frac{1}{k!}\left[(x-k+k)\prod_{i=1}^{k-1}(x-i)\right]$$

$$= \frac{1}{k!}\prod_{i=0}^{k-1}(x-i)$$

$$= \frac{x^{\underline{k}}}{k!}$$

$$= \binom{x}{k}$$

Aufgabe 6.3

(1) Es ist

$$\Delta f(x) = f(x+1) - f(x)$$
$$= (x+1)^3 - x^3$$
$$= x^3 + 3x^2 + 3x + 1 - x^3$$
$$= 3x^2 + 3x + 1$$

$$\nabla f(x) = f(x) - f(x-1)$$
$$= x^3 - (x-1)^3$$
$$= x^3 - (x^3 - 3x^2 + 3x - 1)$$
$$= 3x^2 - 3x + 1$$

(2) Es ist

$$\Delta f(x) = f(x+1) - f(x) = c^{x+1} - c^x = c^x(c-1) \tag{L.20}$$

$$\nabla f(x) = f(x) - f(x-1) = c^x - c^{x-1} = c^{x-1}(c-1) \tag{L.21}$$
$$\tag{L.22}$$

Für $c = 2$, also für $f(x) = 2^x$ folgt aus (L.20)

$$\Delta f(x) = 2^x(2-1) = 2^x$$

Damit ist $\Delta 2^x = 2^x$.

Aus (L.21) folgt

$$\nabla f(x) = 2^{x-1}(2-1) = 2^{x-1}$$

Damit ist $\nabla 2^x = 2^{x-1}$.

(3) Wir berechnen mithilfe der binomischen Formel (1.23):

$$\Delta f(x) = f(x+1) - f(x) = (x+1)^k - x^k = \sum_{s=0}^{k} \binom{k}{s} x^s - x^k = \sum_{s=0}^{k-1} \binom{k}{s} x^s$$

Aufgabe 6.5

a) Es ist

$$\Delta h(x) = h(x+1) - h(x) = c - c = 0 = O(x)$$

b) Es ist

$$\Delta(\alpha \cdot f + \beta \cdot g)(x) = (\alpha \cdot f + \beta \cdot g)(x+1) - (\alpha \cdot f + \beta \cdot g)(x)$$
$$= \alpha \cdot f(x+1) + \beta \cdot g(x+1) - \alpha \cdot f(x) - \beta \cdot g(x)$$
$$= \alpha \cdot (f(x+1) - f(x)) + \beta \cdot (g(x+1) - g(x))$$
$$= \alpha \cdot \Delta f(x) + \beta \cdot \Delta g(x)$$

c) Es ist

$$\Delta(f \cdot g)(x) = (f \cdot g)(x+1) - (f \cdot g)(x)$$
$$= f(x+1) \cdot g(x+1) - f(x) \cdot g(x)$$
$$= (f(x+1) - f(x)) \cdot g(x+1) + f(x) \cdot (g(x+1) - g(x))$$
$$= \Delta f(x) \cdot g(x+1) + f(x) \cdot \Delta g(x)$$
$$= \Delta f(x) \cdot \mathcal{E}g(x) + f(x) \cdot \Delta g(x)$$

d) Es ist

$$\Delta\frac{f}{g}(x) = \frac{f}{g}(x+1) - \frac{f}{g}(x)$$

$$= \frac{f(x+1)}{g(x+1)} - \frac{f(x)}{g(x)}$$

$$= \frac{f(x+1) \cdot g(x) - g(x+1) \cdot f(x)}{g(x) \cdot g(x+1)}$$

$$= \frac{g(x+1) \cdot f(x+1) - g(x+1) \cdot f(x)}{g(x) \cdot g(x+1)}$$
$$+ \frac{-f(x+1) \cdot g(x+1) + f(x+1) \cdot g(x)}{g(x) \cdot g(x+1)}$$

$$= \frac{g(x+1)(f(x+1) - f(x)) - f(x+1) \cdot (g(x+1) - g(x))}{g(x) \cdot g(x+1)}$$

$$= \frac{g(x+1) \cdot \Delta f(x) - f(x+1) \cdot \Delta g(x)}{g(x) \cdot g(x+1)}$$

$$= \frac{\mathcal{E}g(x) \cdot \Delta f(x) - \mathcal{E}f(x) \cdot \Delta g(x)}{g(x) \cdot \mathcal{E}g(x)}$$

Damit sind alle vier Aussagen bewiesen.

Aufgabe 6.7

Wir rechnen:

a)

$$x^{\underline{m+n}} = x \cdot (x-1) \cdot \ldots \cdot (x - (m+n-1))$$
$$= x \cdot (x-1) \cdot \ldots \cdot (x - (m-1))$$
$$\cdot (x-m) \cdot ((x-m)-1) \cdot \ldots \cdot ((x-m) - (n-1))$$
$$= x^{\underline{m}} \cdot (x-m)^{\underline{n}}$$

b)

$$x^{\overline{m+n}} = x \cdot (x+1) \cdot \ldots \cdot (x+m+n-1)$$
$$= x \cdot (x+1) \cdot \ldots \cdot (x+m-1)$$
$$\cdot (x+m) \cdot ((x+m)+1) \cdot \ldots \cdot ((x+m)+n-1)$$
$$= x^{\overline{m}} \cdot (x+m)^{\overline{n}}$$

c)

$$x^{\underline{m-m}} = x^{\underline{m}} \cdot (x+m)^{\underline{-m}}$$

$$= x \cdot (x-1) \cdot \ldots \cdot (x-m+1)$$

$$\cdot \frac{1}{((x-m)+1) \cdot \ldots \cdot ((x-m)+(m-1)) \cdot ((x-m)+m)}$$

$$= \frac{x \cdot (x-1) \cdot \ldots \cdot (x-m+1)}{x \cdot (x-1) \cdot \ldots \cdot (x-m+1)}$$

$$= 1$$

$$x^{\overline{m-m}} = x^{\overline{m}} \cdot (x+m)^{\overline{-m}}$$

$$= x \cdot (x+1) \cdot \ldots \cdot (x+m-1)$$

$$\cdot \frac{1}{((x+m)-1) \cdot \ldots \cdot ((x+m)-(m-1)) \cdot ((x+m)-m)}$$

$$= \frac{x \cdot (x+1) \cdot \ldots \cdot (x+m-1)}{x \cdot (x+1) \cdot \ldots \cdot (x+m-1)}$$

$$= 1$$

Aufgabe 6.10

Wir setzen in (6.24) ein und erhalten

$$(\Delta^2 x^4)_{x=0} = \sum_{k=0}^{2} (-1)^{2-k} \binom{2}{k} k^4 = 0 - 2 + 2^4 = 14$$

Aufgabe 6.11

Beweis der Folgerung:

a) Es ist: $\sum_a^a g(x)\,\delta x = f(a) - f(a) = 0$

b) Wir rechnen:

$$\sum_a^b g(x)\,\delta x + \sum_b^c g(x)\,\delta x = f(b) - f(a) + f(c)\, \dot{} - f(b)$$

$$= f(c) - f(a)$$

$$= \sum_a^c g(x)\,\delta x$$

c) Es gilt: $\sum_a^b g(x)\,\delta x = f(b) - f(a) = -\left[\,f(a) - f(b)\,\right] = -\sum_b^a g(x)\,\delta x$

d) Es ist: $\sum_a^{a+1} g(x)\,\delta x = f(a+1) - f(a) = \Delta f(a) = g(a)$

e) Wir rechnen mithilfe von c) und d):

$$\sum_a^{b+1} g(x)\,\delta x - \sum_a^b g(x)\,\delta x = \sum_a^{b+1} g(x)\,\delta x + \sum_b^a g(x)\,\delta x$$

$$= \sum_b^{b+1} g(x)\,\delta x$$

$$= g(b)$$

Beweis des Satzes: Wir führen eine vollständige Induktion über b. Der Induktionsanfang $b = a + 1$ entspricht der Gleichung d), womit der Induktionsanfang für (6.30) gezeigt ist.

Für den Induktionsschritt $b \to b + 1$ gilt

$$\sum_a^{b+1} g(x)\,\delta x = g(b) + \sum_a^b g(x)\,\delta x \qquad\qquad \text{wegen e)}$$

$$= g(b) + \sum_{k=a}^{b-1} g(k) \qquad\qquad \text{mit Induktionsannahme}$$

$$= \sum_{k=a}^b g(k)$$

womit dieser gezeigt ist.

Aufgabe 6.12

(1) Wir haben bisher keine Stammfunktion der diskreten Funktion x^2. Es gilt aber

$$x^2 = x(x-1) + x = x^{\underline{2}} + x^{\underline{1}} \tag{L.23}$$

und damit

$$\sum_{k=0}^{n} k^2 = \sum_{0}^{n+1} x^2 \, \delta x = \sum_{0}^{n+1} x^{\underline{2}} \, \delta x + \sum_{0}^{n+1} x^{\underline{1}} \, \delta x = \left. \frac{x^{\underline{3}}}{3} \right|_0^{n+1} + \left. \frac{x^{\underline{2}}}{2} \right|_0^{n+1}$$

$$= \frac{(n+1)^{\underline{3}}}{3} + \frac{(n+1)^{\underline{2}}}{2} = 2\binom{n+1}{3} + \binom{n+1}{2}$$

$$= \frac{(2n+1)(n+1)n}{6} = \frac{1}{3}n^3 + \frac{1}{2}n^2 + \frac{1}{6}n$$

(2) Auch für die diskrete Funktion x^3 suchen wir eine Stammfunktion: Es gilt

$$\begin{aligned}
x^3 &= x(x-1)(x-2) + 3x^2 - 2x \\
&= x^{\underline{3}} + 3(x^{\underline{2}} + x^{\underline{1}}) - 2x^{\underline{1}} \qquad \text{mit (L.23)} \\
&= x^{\underline{3}} + 3x^{\underline{2}} + x^{\underline{1}}
\end{aligned}$$

und damit

$$\sum_{k=0}^{n} k^3 = \sum_{0}^{n+1} x^3 \, \delta x$$

$$= \sum_{0}^{n+1} x^{\underline{3}} \, \delta x + 3 \sum_{0}^{n+1} x^{\underline{2}} \, \delta x + \sum_{0}^{n+1} x^{\underline{1}} \, \delta x$$

$$= \left. \frac{x^{\underline{4}}}{4} \right|_0^{n+1} + 3 \left. \frac{x^{\underline{3}}}{3} \right|_0^{n+1} + \left. \frac{x^{\underline{2}}}{2} \right|_0^{n+1}$$

$$= \frac{(n+1)n(n-1)(n-2)}{4} + (n+1)n(n-1) + \frac{(n+1)n}{2}$$

$$= \frac{n^4 + 2n^3 + n^2}{4} = \frac{1}{4}n^4 + \frac{1}{2}n^3 + \frac{1}{4}n^2$$

(3) Mithilfe von (6.15) und (6.37) erhalten wir:

$$\sum_{k=0}^{n} k(k+1) = \sum_{k=0}^{n} (k+1)^{\underline{2}} = \sum_{k=0}^{n+1} (x+1)^{\underline{2}} \delta x$$

$$= \frac{(x+1)^{\underline{3}}}{3}\bigg|_{0}^{n+1} = \frac{(n+2)^{\underline{3}}}{3} - \frac{1^{\underline{3}}}{3}$$

$$= \frac{1}{3}(n+2)(n+1)n$$

(4) Mithilfe von (6.16) und (6.37) erhalten wir:

$$\sum_{k=1}^{n} \frac{1}{k(k+1)} = \sum_{k=1}^{n} (k-1)^{\underline{-2}} = \sum_{1}^{n+1} (x-1)^{\underline{-2}} \delta x$$

$$= \frac{(x-1)^{\underline{-1}}}{-1}\bigg|_{1}^{n+1} = \frac{n^{\underline{-1}}}{-1} - \frac{0^{\underline{-1}}}{-1} = -\frac{1}{n+1} + 1$$

$$= \frac{n}{n+1}$$

(5) Mithilfe von (6.16) und (6.37) erhalten wir:

$$\sum_{k=1}^{n} \frac{1}{k(k+2)} = \sum_{k=1}^{n} \frac{k+1}{k(k+1)(k+2)}$$

$$= \sum_{k=1}^{n} \left(\frac{1}{(k+1)(k+2)} + \frac{1}{k(k+1)(k+2)} \right)$$

$$= \sum_{k=1}^{n} \left(k^{\underline{-2}} + (k-1)^{\underline{-3}} \right)$$

$$= \sum_{k=1}^{n+1} \left(x^{\underline{-2}} + (x-1)^{\underline{-3}} \right) \delta x$$

$$= \left(\frac{x^{\underline{-1}}}{-1} + \frac{(x-1)^{\underline{-2}}}{-2} \right)\bigg|_{1}^{n+1}$$

$$= -(n+1)\underline{-1} - \frac{n\underline{-2}}{2} + 1\underline{-1} + \frac{0\underline{-2}}{2}$$

$$= -\frac{1}{n+2} - \frac{1}{2(n+1)(n+2)} + \frac{1}{2} + \frac{1}{4}$$

$$= \frac{n(3n+5)}{4(n+1)(n+2)}$$

Aufgabe 6.13

(1) Wir wählen $f(x) = x$ und $g(x) = \frac{c^x}{c-1}$. Dann ist $\Delta f(x) = 1$, $\Delta g(x) = c^x$ sowie $\mathcal{E}g(x) = \frac{c^{x+1}}{c-1}$. Partielle Summation ergibt:

$$\sum_{k=0}^{n} kc^k = \sum_{0}^{n+1} xc^x \, \delta x$$

$$= x\frac{c^x}{c-1}\bigg|_0^{n+1} - \sum_{0}^{n+1} \frac{c^{x+1}}{c-1} \cdot 1 \, \delta x$$

$$= x\frac{c^x}{c-1}\bigg|_0^{n+1} - \frac{c^{x+1}}{(c-1)^2}\bigg|_0^{n+1}$$

$$= \frac{(n+1)c^{n+1}}{c-1} - \frac{c^{n+2} - c}{(c-1)^2}$$

$$= \frac{(n+1)c^{n+1}(c-1) - c^{n+2} + c}{(c-1)^2}$$

$$= \frac{nc^{n+2} - (n+1)c^{n+1} + c}{(c-1)^2} = \frac{c^{n+1}(nc - n - 1) + c}{(c-1)^2}$$

(2) Wir wählen $f(x) = H_x$ sowie $g(x) = \frac{x^2}{2}$. Dann ist $\Delta f(x) = x\underline{-1} = \frac{1}{x+1}$, $\Delta g(x) = x^{\underline{1}} = x$ und $\mathcal{E}g(x) = \frac{(x+1)^2}{2} = \frac{(x+1)x}{2}$. Des Weiteren halten wir fest, dass

$$(x+1)^2 \cdot x\underline{-1} = \frac{(x+1)x}{x+1} = x = x^{\underline{1}}$$

ist. Hiermit und mit partieller Integration erhalten wir:

$$\sum_{k=1}^{n} k H_k = \sum_{k=1}^{n} H_k k = \sum_{1}^{n+1} H_x x \, \delta x$$

$$= H_x \cdot \frac{x^2}{2}\Big|_{1}^{n+1} - \frac{1}{2}\sum_{1}^{n+1} x^{\underline{1}} \delta x = H_x \cdot \frac{x^2}{2}\Big|_{1}^{n+1} - \frac{1}{4}x^{\underline{2}}\Big|_{1}^{n+1}$$

$$= \left(H_x - \frac{1}{2}\right) \cdot \frac{x^2}{2}\Big|_{1}^{n+1} = \left(H_{n+1} - \frac{1}{2}\right) \cdot \frac{(n+1)n}{2}$$

$$= \binom{n+1}{2}\left(H_{n+1} - \frac{1}{2}\right)$$

(3) Mit (6.5) gilt

$$\Delta\binom{x}{m+1} = \binom{x+1}{m+1} - \binom{x}{m+1} = \binom{x}{m}$$

Wir wählen $f(x) = H_x$ sowie $g(x) = \binom{x}{m+1}$. Dann ist $\Delta f(x) = x^{\underline{-1}} = \frac{1}{x+1}$, $\Delta g(x) = \binom{x}{m}$ und $\mathcal{E}g(x) = \binom{x+1}{m+1}$. Damit ergibt sich durch partielle Summation

$$\sum_{k=1}^{n}\binom{k}{m} \cdot H_k = \sum_{k=1}^{n} H_k \cdot \binom{k}{m} = \sum_{1}^{n+1} H_x \cdot \binom{x}{m}\delta x$$

$$= H_x \cdot \binom{x}{m+1}\Big|_{1}^{n+1} - \sum_{1}^{n+1}\binom{x+1}{m+1} \cdot \frac{1}{x+1}\delta x$$

$$= H_x \cdot \binom{x}{m+1}\Big|_{1}^{n+1} - \frac{1}{m+1} \cdot \sum_{1}^{n+1}\binom{x}{m}\delta x$$

$$= H_x \cdot \binom{x}{m+1}\Big|_{1}^{n+1} - \frac{1}{m+1} \cdot \binom{x}{m+1}\Big|_{1}^{n+1}$$

$$= \left[H_{n+1} \cdot \binom{n+1}{m+1} - H_1 \cdot \binom{1}{m+1} \right]$$

$$- \frac{1}{m+1} \cdot \left[\binom{n+1}{m+1} - \binom{1}{m+1} \right]$$

$$= \binom{n+1}{m+1} \cdot \left(H_{n+1} - \frac{1}{m+1} \right)$$

Aufgabe 6.14

Wir gehen analog wie bei der Berechnung von $S\left(k^m, 0, n\right)$ vor und erhalten:

$$S\left(k^m \cdot x^k, 0, n\right) + (n+1)^m x^{n+1} = \sum_{k=0}^{n+1} k^m x^k = \sum_{k=1}^{n+1} k^m x^k$$

$$= \sum_{k=0}^{n} (k+1)^m x^{k+1}$$

$$= x \cdot \sum_{k=0}^{n} \sum_{j=0}^{m} \binom{m}{j} k^j x^k$$

$$= x \cdot \sum_{j=0}^{m} \binom{m}{j} \sum_{k=0}^{n} k^j x^k$$

$$= x \cdot \sum_{j=0}^{m} \binom{m}{j} S\left(k^j \cdot x^k, 0, n\right)$$

$$= x \cdot S\left(k^m \cdot x^k, 0, n\right)$$

$$+ x \cdot \sum_{j=0}^{m-1} \binom{m}{j} S\left(k^j \cdot x^k, 0, n\right)$$

Daraus folgt

$$S\left(k^m \cdot x^k, 0, n\right) - x \cdot S\left(k^m \cdot x^k, 0, n\right) = x \cdot \sum_{j=0}^{m-1} \binom{m}{j} S\left(k^j \cdot x^k, 0, n\right)$$

$$- (n+1)^m x^{n+1}$$

und daraus

$$S\left(k^m \cdot x^k, 0, n\right) = \frac{x}{1-x}\left[\sum_{j=0}^{m-1}\binom{m}{j}S\left(k^j \cdot x^k, 0, n\right) - (n+1)^m x^n\right]$$

Literatur

Aigner, M.: *Diskrete Mathematik, 6. Auflage*, Vieweg+Teubner Verlag, Wiesbaden, 2006

Brill, M.: *Mathematik für Informatiker*, Hanser Verlag, München, 2001

Gardner, M.: *Penrose Tiles to Trapdoor Ciphers*, W. H. Freeman & Co, New York, NY, 1978

Graham, R. L., Knuth, D. E., Patashnik, O.: *Concrete Mathematics, Second Edition*, Addison-Wesley, Reading, MA, 1994

Grimaldi, R. P.: *Discrete and Combinatorial Mathematics – An Applied Introduction, Fifth Edition*, Pearson Education, Boston, MA, 2004

Hower, W.: *Diskrete Mathematik*, Oldenbourg Verlag, München, 2010

Kheyfits, A.: *A Primer in Combinatorics*, De Gruyter Verlag, Berlin, 2010

Michaels, J. G., Rosen, K. H.: *Applications of Discrete Mathematics*, MacGraw-Hill, New York, NY, 1991

Steger, A.: *Diskrete Strukturen, Band 1: Kombinatorik - Graphentheorie - Algebra*, Springer, Berlin, 2001

Tittmann, P.: *Einführung in die Kombinatorik*, Spektrum Akademischer Verlag, Heidelberg, 2000

Witt, K.-U.: *Algebraische Grundlagen der Informatik, 3. Auflage;* Vieweg Verlag, Wiesbaden, 2007

Stichwortverzeichnis

Abbildung, 156
Ableitung, 128
Ableitungsoperator, 128
Absolutbetrag, 157
Äquivalenzklasse, 156
Äquivalenzrelation, 156
Amplitude, 108
Argument einer Funktion, 156
Ausgangsmenge, 156

Bell-Zahlen, 40
Betrag, 108
Bildmenge, 156
Binom, 21
Binomialkoeffizient, 16, 59, 126
Binomische Formel, 22
Bitvektor, 23
Bubble sort, 98

Catalanzahlen, 46, 76
Charakteristische Funktion, 41
Charakteristische Gleichung, 84
Charakteristisches Polynom, 84, 121

Definitionsbereich, 156
Derangement-Zahlen, 55
Differenzenquotient, 128
Differenzialoperator, 128
Diskrete Ableitung, 129
Diskrete Stammfunktion, 140
Diskreter Differenzenoperator, 129
Diskriminante, 105
Doppeltes Abzählen, 51

Erzeugende Funktion, 59
Euklidischer Algorithmus, 89
Euler-Zahl, 6, 157
Exklusionsprinzip, 53
Exponentielle erzeugende Funktion, 69

Faktorielle
    fallende, 4, 43, 125, 133
    steigende, 5, 43, 126, 133

Fakultät, 160
Faltung, 60
Fibonacci-Folge, 79, 86, 111
Fixpunkt, 7
Folge, 3
Funktion, 155, 156
    bijektive, 156
    diskrete, 128
    eineindeutige, *siehe* bijektive Funktion
    erzeugende, 59
    injektive, 156
    linkseindeutige, *siehe* injektive Funktion
    surjektive, 156
    totale, 156

Gaussklammer
    obere, 157
    untere, 157
Gesetz von Moivre, 108
Gleichheitsregel, 50
Gleichmächtige Mengen, 156
Goldener Schnitt, 87
Grundmenge
    einer Relation, 155

Harmonische Reihe, 143
Harmonische Zahl, 143, 148

Identitätsoperator, 129
Imaginärteil, 108
Indexverschiebung, 158
Inklusionsprinzip, 53
Integration
    diskrete, 141
    partielle diskrete, 147

Kombination
    mit Wiederholung, 16
    ohne Wiederholung, 15
Konjugierte, 108
Konvolution, *siehe* Faltung

Lineare Differenzengleichung, 80
    homogene, 80
    inhomogene, 80
    mit konstanten Koeffizienten,
       80
Linearer Operator, 131
Logarithmus, 157
    natürlicher, 157

Menge
    diskrete, 127, 128
Mengenpartition, 38
Modul, 108
Multinom, 27
Multinomische Formel, 29

Newton-Darstellung, 139
Nullfunktion, 131

Partition, 33, 156
Pascalsches Dreieck, 20
Permutation
    fixpunktfreie, 55
    mit Wiederholung, 13
    ohne Wiederholung, 4
Polarkoordinaten, 108
Polynom, 159
    diskretes, 138
Potenzmenge, 156
Potenzreihe
    formale, 59, 159
    geometrische, 62
    inverse, 61
Potenzreihen-
    Ableitung, 62
    Additon, 60
    Integration, 62
    Inversion, 61
    Multiplikation, 60
Produktregel, 50, 131, 147

Quotientenregel, 131

Realteil, 108
Relation, 155
    homogene, 155
    rechtseindeutige, 156

reflexive, 155
    symmetrische, 155
    transitive, 155
Repräsentant, 156

Satz von Lamé, 89
Schubfachprinzip, 52
Siebformel, 54
Stichprobe
    ungeordnete, ohne Zurücklegen,
       15
Stirling-Dreieck
    erster Art, 10
    zweiter Art, 39
Stirling-Formel, 6
Stirlingzahlen
    erster Art, 7
    zweiter Art, 38, 140
Störfunktion, 95
Summation
    partielle diskrete, 147
Summe
    bestimmte, 140, 141
    unbestimmte, 141
Summenregel, 49, 131
Symmetrische Identität, 19

Taylor-Entwicklung, 60, 138
Tranlationsoperator, 129
Türme von Hanoi, 96
Typ einer Permutation, 11

Unbestimmte Summe, 140
Urbildmenge, 156
Urnenmodell, 56

Vandermonde-Matrix, 85
Vandermondesche Identität, 26, 61

Wertebereich, 156

Zahl
    komplexe, 108
Zahlenmengen, 155
Zahlpartition, 33
Zielmenge, 156
Zyklus einer Permutation, 8